Schulaufgabentrainer

Fokus Mathematik 10

Gymnasium Bayern

Cornelsen

Erarbeitet von
Irmgard und Anton Wagner

Verlagsredaktion
Christina Schwalm

Layoutkonzept
Bärbel Simon

Technische Umsetzung
CMS – Cross Media Solutions GmbH

Technische Zeichnungen
Christine Wächter, Berlin

Umschlagfoto
Peter Wirtz/FOTOGRAFIE, Dormagen

Quellen- und Bildnachweis:
Daten von Destatis: 10/1; dpa/infografik: 9/2, 10/2; INTEX easy set: 16/2;
Mühldorfer Anzeiger vom 13./14. 12. 2008: 8/1; picture-alliance/dpa/ZB/Grübitsch: 15/4;
Daten vom Verband für Energie- und Wasserwirtschaft: 19/2;
Irmgard und Anton Wagner: 11/1 und 2, 15/2 und 3, 61/1

weitere Begleitmaterialien zum Lehrwerk Fokus Mathematik Bayern 10
ISBN: 978-3-464-54050-3

für Schülerinnen und Schüler
Grundwissen 5 - 10: 978-3-464-54201-9

für Lehrerinnen und Lehrer
Lösungsheft 10: 978-3-464-54165-4
Kopiervorlagen 10: 978-3-464-54166-1

www.cornelsen.de

1. Auflage, 2. Druck 2010

Druck: CS-Druck CornelsenStürtz, Berlin

ISBN 978-3-464-54050-3

Inhalt gedruckt auf säurefreiem Papier aus nachhaltiger Forstwirtschaft.

Inhalt

Vorwort

Liebe Schülerin, lieber Schüler,

im kommenden Schuljahr stehen pro Woche drei Stunden Mathematik auf dem Stundenplan, was laut derzeit geltender Schulordnung auch nur drei große Leistungsnachweise bedeutet. In der dritten Schulwoche findet ein zentraler Leistungstest statt, der **B**ayerische **M**athematik**t**est BMT. Die Note, die Sie dabei erzielen, wird an vielen Schulen als „halbe“ Schulaufgabennote gewertet. In einem solchen Fall nehmen Sie dann – meist am Ende des Schuljahres – an einem schulinternen zweiten Jahrgangsstufentest teil, dessen Note dasselbe Gewicht wie die Note aus dem BMT hat. Genauere Modalitäten werden in einem Elternbrief oder durch Ihren Mathematiklehrer[1] bekannt gegeben. Mit diesem Schulaufgabentrainer und dem BMT-Heft 10 können Sie sich auf Tests und Schulaufgaben gezielt vorbereiten.

- Seit Dezember 2003 gelten im Fach Mathematik Bildungsstandards für den Mittleren Bildungsabschluss, die von der Kultusministerkonferenz beschlossen wurden. Im ersten Teil des Trainers finden Sie deshalb eine Beschreibung der sechs allgemeinen Kompetenzen sowie Beispielaufgaben und Aufträge dazu. Die einführenden Erläuterungen orientieren sich jeweils an „Bildungsstandards Mathematik: konkret“ von Blum/Drüke-Noe/Hartung/Köller (Hrsg.) erschienen im Cornelsen Verlag Scriptor 2006. Da es kaum eine Aufgabe gibt, in der nur eine mathematische Kompetenz von Ihnen gefordert wird, haben die Autoren dieses Heftes verwandte Themen zusammengefasst, jedoch insbesondere versucht, alle Themenstränge des Bayerischen Mathematiklehrplans (Zahlen, Geometrie, Funktionen, Stochastik) abzudecken. Weitere Aufgabenbeispiele finden Sie im Internet unter www.isb.bayern.de → Gymnasium → Fächer → Mathematik → alle Materialien → KMK Standards und BMT.

- Am Ende des ersten Teils befindet sich ein Beispiel für einen Test zu Ihrem Grundwissen, in dem alle diese Kompetenzen gefordert werden. Die Lösungen dazu stehen im eingelegten Beiheft. Weitere Beispiele für Grundwissenstests finden Sie am Ende des Trainers 9 oder im BMT-Heft 10. Bearbeiten Sie auch diese Tests wieder ohne Taschenrechner und unter Zeitdruck.

- Im zweiten Teil des Trainers sind Beispiele für Schulaufgaben unterschiedlicher Länge aufgeführt, sodass Sie sich auch für Kurzarbeiten vorbereiten können. Einzelne Themen oder Texte sind hierbei mit einem * markiert. Ihr Lehrer kann diese, muss sie aber nicht im Unterricht behandeln. Fragen Sie Ihren Lehrer vor jeder Arbeit, welche Themen er abprüfen wird, und suchen Sie die entsprechenden Beispielaufgaben dazu im Trainer. Arbeiten Sie wie bisher unter Zeitdruck und ziehen Sie bei Problemen zunächst die Seiten „Das hätten Sie wissen müssen“ zu Rate, bevor Sie in den Lösungen nachlesen. Bemühen Sie sich, Fehler sorgfältig zu analysieren.
  Zusätzlich zu den Schulaufgaben sind wieder Beispiele für Tests zum Halbjahr und zum Schuljahresende mit dem für den BMT charakteristischen Bewertungsschlüssel angegeben.

- Am Ende der Lösungsbeilage befindet sich ein möglicher Notenschlüssel für Schulaufgaben. Damit und mithilfe der Punktzahlen für die einzelnen Teilaufgaben unter jeder Aufgabe können Sie feststellen, wie die Autoren dieses Trainers Ihre Leistung bewerten würden. Fragen Sie jedoch auch hier bei Ihrem Lehrer nach, welche Maßstäbe er anlegt.

Nun wünschen wir Ihnen viel Spaß beim Bearbeiten der Aufgaben und viel Erfolg in Tests und Schulaufgaben.

1 Im Folgenden ist stets von Lehrern die Rede. Gemeint sind natürlich Lehrerinnen und Lehrer.

Mit symbolischen, formalen und technischen Elementen der Mathematik umgehen

Elementare Kenntnisse zu Zahlen und Größen sowie grundlegende Fertigkeiten im Umgang mit geometrischen Objekten sind notwendige Voraussetzung für mathematisches Verständnis. Die Kompetenz, mit symbolischen, formalen und technischen Elementen umgehen zu können, umfasst den sicheren Gebrauch von Definitionen, Regeln, Formeln oder Algorithmen, aber auch mathematische Fertigkeiten wie den Umgang mit Variablen, Termen, Gleichungen oder Funktionen. Zudem müssen Sie mehrschrittige Lösungs- und Kontrollverfahren sowie geometrische Grundkonstruktionen durchführen und Hilfsmittel wie Formelsammlungen, Kompendien oder Taschenrechner verwenden können. Durch diese entlastenden Routinen sollen das Erkennen von Zusammenhängen und Strukturen erleichtert und das Modellieren realer Situationen unterstützt werden.
Insbesondere sind Kenntnisse in folgenden Themenbereichen wichtig:

- Prozent- und Schlussrechnung
- Termumformungen unter Verwendung der Rechengesetze in den reellen Zahlen (Assoziativ-, Kommutativ-, Distributivgesetz) und unter Beachtung der Rechenregeln für Potenzen
- Lösen von Gleichungen (lineare, quadratische, Bruchgleichungen) und Gleichungssystemen (zwei Gleichungen mit zwei Unbekannten und drei Gleichungen mit drei Unbekannten) durch Rechnung oder auch graphisch
- Funktionen (lineare, quadratische, gebrochen-rationale) und ihre Graphen
- Grundlegende Konstruktionen, Zusammenhänge an kongruenten bzw. ähnlichen Figuren sowie Formeln zur Flächen- bzw. Volumenberechnung
- Berechnen von Wahrscheinlichkeiten

Beispiel 1: In der Pressemitteilung Nr. 499 des statistischen Bundesamtes Deutschland vom 19.12.2008 kann man nachlesen, dass im Prüfungsjahr 2007 die Zahl der Erstabsolventinnen und -absolventen an deutschen Hochschulen auf 239 900 anstieg.
„Damit erreichte die Absolventenquote, das ist der Anteil der Absolventinnen und Absolventen eines Erststudiums an der altersspezifischen Bevölkerung, mit 24% einen neuen Höchststand. Der kontinuierliche Anstieg in den vergangenen Jahren ist vor allem auf die wachsende Zahl der Erstabsolventinnen zurückzuführen. 2007 betrug die Absolventenquote bei den Frauen 25% und bei den Männern 23%. Der Anteil der Frauen mit Studienabschluss ist zwischen 1997 und 2007 um knapp elf Prozentpunkte gestiegen, bei den Männern um 5 Prozentpunkte. Gegenüber dem Vorjahr hat die Absolventenquote 2007 sowohl bei den Frauen als auch bei den Männern um jeweils zwei Prozentpunkte zugenommen."
Wie viele Personen umfasste im Jahr 2007 die altersspezifische Bevölkerung?

Lösung: 24% von $x = 239\,900$ führt nach Äquivalenzumformung zu $x = 239\,900 : 0{,}24 \approx 999\,583$
Bei der angegebenen Genauigkeit (Personenzahlen auf Hunderter, Prozentzahl auf Einer gerundet) liegt die Anzahl der gleichaltrigen Personen etwa zwischen 979 200 und 1 020 900. Nimmt man alle Angaben als exakte Daten, so gehören 999 583 Personen zur alterspezifischen Bevölkerung.

Auftrag T1: *Ermitteln Sie, um wie viel Prozent der Anteil der weiblichen Erstabsolventen in den letzten 10 Jahren anstieg. Geben Sie außerdem in diesem Kontext möglichst viele weitere Zahlen an, die sich aus den Daten im Text errechnen lassen.*

Beispiel 2: Im Term $3x^{-0,5} \square 2x^{-0,5}$ soll an die Stelle des Kästchens jeweils eines der Rechenzeichen $+$; $-$ und $\cdot$ gesetzt werden. Geben Sie an, für welche reellen Zahlen die entstehenden Terme definiert sind, und vereinfachen Sie diese so weit wie möglich.

Lösung: Alle Terme sind nur für $x > 0$ definiert.

$3x^{-0,5} + 2x^{-0,5} = 5x^{-0,5}$; $3x^{-0,5} - 2x^{-0,5} = x^{-0,5}$; $3x^{-0,5} \cdot 2x^{-0,5} = \frac{6}{x}$

Auftrag T2: *Verwenden Sie die Gleitkommadarstellung, um alle Flächenangaben in derselben Einheit darzustellen, und ordnen Sie diese dann der Größe nach.*

0,1 ha $5 \cdot 10^3\,\text{dm}^2$ $10^{-3}\,\text{km}^2$ 105 a $10^{-5}\,\text{m}^2$

Beispiel 3: Die Zeichnung zeigt das unfertige Baumdiagramm eines zweistufigen Zufallsexperiments. Finden Sie die fehlenden Wahrscheinlichkeiten x bzw. y mithilfe eines Gleichungssystems und ergänzen Sie das Baumdiagramm sinnvoll und vollständig.

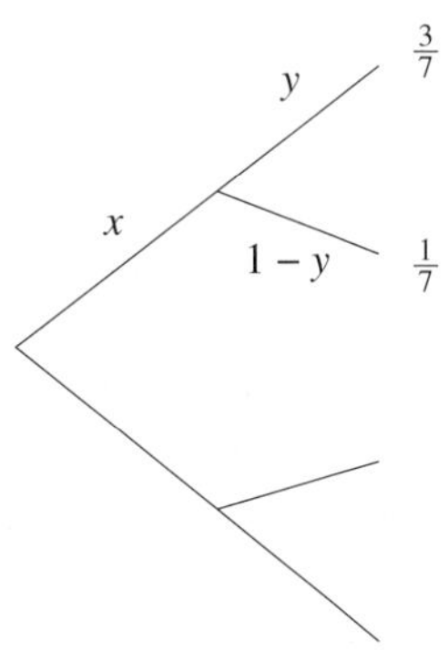

Lösung: (I) $x \cdot y = \frac{3}{7}$

(II) $x \cdot (1 - y) = \frac{1}{7}$

Multipliziert man die linke Seite der zweiten Gleichung aus und setzt dann $xy = \frac{3}{7}$ aus der ersten Gleichung ein, so erhält man $x - \frac{3}{7} = \frac{1}{7}$ bzw. $x = \frac{4}{7}$.
Weitere fehlende Wahrscheinlichkeiten erhält man z. B. aus $y = \frac{3}{7} : \frac{4}{7} = 0{,}75$.

Ein vollständig beschriftetes Baumdiagramm könnte folgendermaßen aussehen:

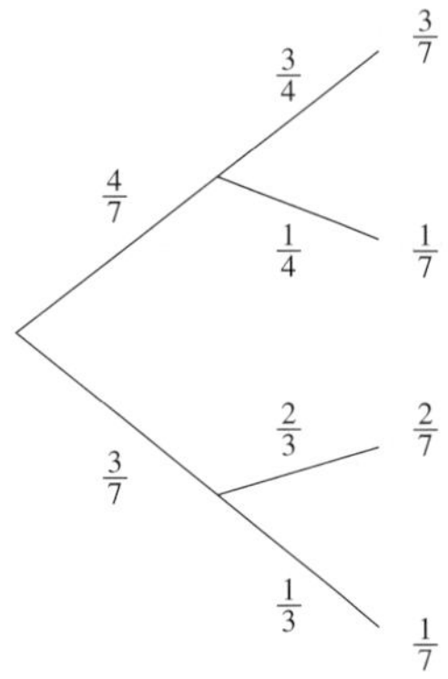

Auftrag T3: *Eine Parabel verläuft durch die Punkte* $A\,(-2\,|\,1)$, $B\,(1\,|\,-2{,}5)$ *und* $C\,(0\,|\,-5)$. *Ermitteln Sie eine Gleichung der Parabel.*

Beispiel 4: Um Schnittpunkte von Graphen zu ermitteln, muss man Gleichungen lösen. Welche gemeinsamen Punkte haben die Graphen der Funktionen $f(x) = x - 3$ bzw. $g(x) = \frac{x}{x-4}$, $x \neq 4$?

Lösung: Der Schnittpunktansatz $x - 3 = \frac{x}{x-4}$ führt nach Über-Kreuz-Multiplizieren und Umformen zur Gleichung $(x-3)(x-4) = x$ bzw. $x^2 - 8x + 12 = 0$.
Anwenden der Lösungsformel für quadratische Gleichungen liefert: $x_{1,2} = \frac{8 \pm \sqrt{64-48}}{2}$; als Lösungen erhält man $x = 6$ bzw. $x = 2$. Die Koordinaten der Schnittpunkte sind also $S_1(2\,|\,-1)$ sowie $S_2(6\,|\,3)$.

Auftrag T4: *Zeichnen Sie die Parabel $p: y = x^2 - 8x + 12$ in ein Koordinatensystem und bestimmen Sie damit alle Lösungen der Ungleichung $x^2 - 8x + 12 > 0$.*

Beispiel 5: Eine Sanduhr hat die Form eines punktsymmetrischen Doppelkegels, dessen maximaler Durchmesser genauso groß ist wie die Höhe H der Sanduhr. Wie hoch steht der Sand im oberen Kegel, wenn sich unten und oben gleich viel Sand befindet? Geben Sie einen Term für die Höhe in Abhängigkeit vom Radius der Sanduhr an und ermitteln Sie die Füllhöhe für $H = 10$ cm.

Lösung: Wenn die Höhe H der Sanduhr genauso groß ist wie ihr Durchmesser d, so sind bei jedem der beiden Kegel Radius r und Höhe $h = 0{,}5\,H$ gleich groß. Befindet sich in beiden Kegeln gleich viel Sand (also in jedem Kegel die Hälfte des gesamten Sands), so ist $V_{oben} = 0{,}5 \cdot \frac{1}{3} r^2\pi \cdot 0{,}5\,H = \frac{1}{6} r^3\pi$. Aufgrund des Strahlensatzes gilt für jede Höhe h' und den zugehörigen Radius r' des Sandvolumens $r' : h' = 1 : 1$. Steht für die gesuchte (Sand-)Höhe, so gilt für das Sandvolumen im oberen Kegel auch $\frac{1}{6} r^3\pi = \frac{1}{3} \cdot h'^2\,\pi \cdot h'$ und damit ist $h' = \sqrt[3]{0{,}5} \cdot r$. Für eine Sanduhr, die 10 cm hoch ist, steht der Sand zu diesem Zeitpunkt im oberen Kegel etwa 4 cm hoch (exakt 3,9685…cm).

Auftrag T5: *Wie hoch steht der Sand im unteren Teil der Sanduhr, wenn sich im oberen Kegel nur noch halb so viel Sand wie im unteren befindet?*

Mathematische Darstellungen verwenden

Zu dieser Kompetenz gehört das Erstellen eigener Darstellungen und der Umgang mit vorgegebenen Veranschaulichungen. Neben Fotos, Abbildungen, Diagrammen und anderen Schaubildern zählen dazu auch Formeln, Tabellen oder andere sprachliche Darstellungen, die nicht zwangsläufig mathematische Informationen beinhalten, sondern einen Sachverhalt nur illustrieren oder motivieren. Müssen Sie sich mit mathematischen Inhalten in derartigen Darstellungen auseinander setzen, so kann es zweckmäßig sein, diese zu verändern oder zwischen verschiedenen Formen zu wechseln, sie zu interpretieren oder zu bewerten. Insbesondere kann es nötig sein, unbekannte Darstellungsformen zu verstehen oder eigene Formen zu entwickeln. Hilfreich ist auch die Kenntnis einfacher Verfahren zur Manipulation, beispielsweise in Diagrammen.

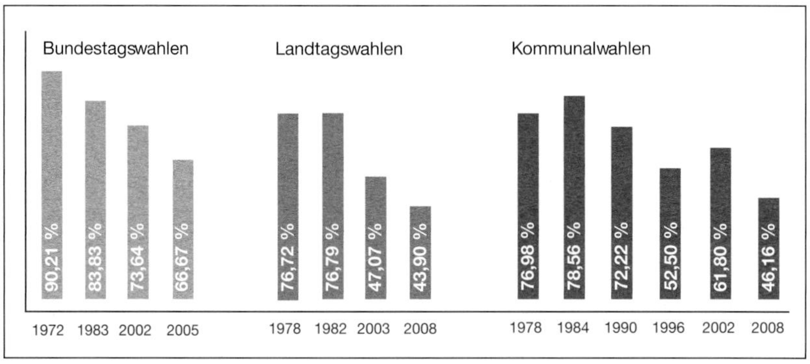

Beispiel 1: „Waren das noch Zeiten, als 90% der Waldkraiburger wählten“ lautete die Überschrift zum Text unter dem Diagramm, das die insgesamt sinkende Wahlbeteiligung bei Bundestags-, Landtags- und Kommunalwahlen der Waldkraiburger Bevölkerung zeigt (Mühldorfer Anzeiger vom 13./14.12.2008). Dabei legt die linke Darstellung zu den Bundestagswahlen nahe, dass die Wahlbeteiligung kontinuierlich, d. h. linear abgenommen hat.
Ermitteln Sie unter dieser Annahme mithilfe einer Gleichung den Zeitpunkt, an dem nach diesem Diagramm die Wahlbeteiligung auf 0 gesunken wäre.

Lösung: Wählt man 1 LE für 10% bzw. 1 LE für je eine Wahlperiode, so erhält man als Steigung der Gerade, die den aktiven Wähleranteil beschreibt, $\frac{6{,}667 - 9{,}021}{4} \approx -0{,}59$. Die vollständige Gleichung dieser linearen Abnahme könnte z. B. mit dem Wertepaar $(2 \mid 8{,}383)$ ermittelt werden. Einsetzen des Wertepaares liefert die Geradengleichung $y = -0{,}59x + 9{,}56$. Die Nullstelle dieser Funktion liegt etwa an der Stelle $x = 16$. Das würde bedeuten, dass unter dieser Annahme bei der 12. Wahl nach 2005 kein Wahlberechtigter in Waldkraiburg mehr zur Urne gehen würde.

Auftrag D1: *Begründen Sie, dass die Veränderung im Wahlverhalten nicht mit der im Beispiel angegebenen Geradengleichung beschrieben werden kann und zeichnen Sie rechts ein Diagramm, das Ihre Aussage verdeutlicht.*

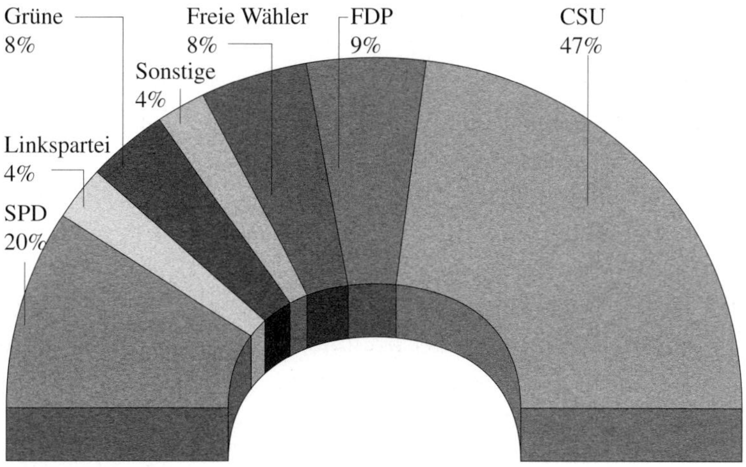

Beispiel 2: Eine Woche vor der bayerischen Landtagswahl im Jahre 2008 erschien es nach 46 Jahren Alleinregierung erstmals möglich, dass die CSU ihre absolute Mehrheit verlieren könnte. Die Forschungsgruppe Wahlen ermittelte in einer Umfrage unter 1100 Wahlberechtigten nur noch einen Stimmenanteil von 47% für die CSU, auch wenn 49% der Wähler zum damaligen Zeitpunkt noch nicht wussten, wen sie wählen wollten oder ob sie überhaupt zur Wahl gehen würden.
Die Graphik zeigt die vollständigen Umfrageergebnisse (Süddt. Zeitung vom 20./21. Sept. 2008, S. 45).
Spiegelt die gewählte Darstellung die Umfrageergebnisse korrekt wider?

Lösung: Prüft man die zu den einzelnen Prozentsätzen gehörenden Winkel, so ist ersichtlich, dass die Darstellung nicht in allen Einzelheiten korrekt angefertigt wurde. So entspricht z. B. einem Stimmenanteil der freien Wähler von 8% ein Winkel von 17°, was bei diesem „Maßstab" jedoch etwas mehr als 9% bedeuten. Dafür ist der Winkel für die CSU mit ungefähr 82° zu klein (er müsste etwa 47% von 180°, also 85° betragen). Auch die beiden nahezu identischen Ergebnisse der Linkspartei bzw. der Sonstigen sind mit um 1° differierenden Winkeln dargestellt, was immerhin einen prozentualen Unterschied von etwa 0,6% bedeutet. Selbst wenn man die Flächeninhalte der Kreisteile verwendet, ergibt sich für die freien Wähler ein Prozentsatz von mehr als 8,6%.

Auftrag D2: *Der tatsächliche Wahlausgang ist zusammen mit Vergleichsdaten aus dem Jahre 2003 in einem Säulendiagramm dargestellt. Erläutern Sie, was beispielsweise die Angabe −17,3 bedeutet, und stellen Sie die Wahlergebnisse der Jahre 2008 bzw. 2003 in einer Tabelle gegenüber.*

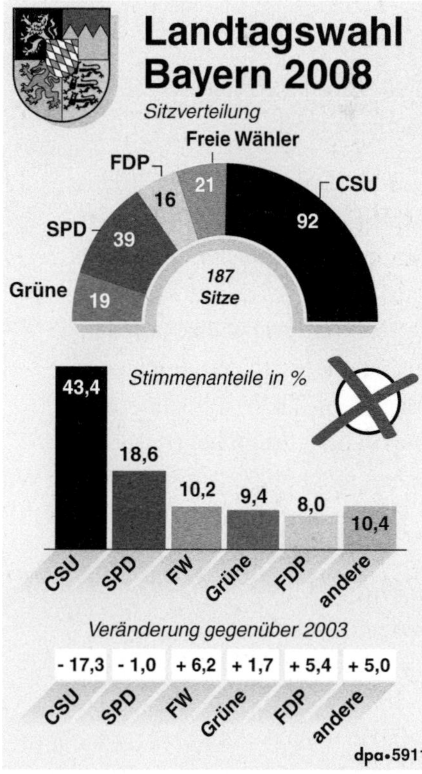

Beispiel 3: Im Datenreport 2004 des statistischen Bundesamtes findet sich die folgende Graphik zum Thema „Zeitaufwand für verschiedene Tätigkeiten an einem Werktag – Erwachsene 1991/1992".

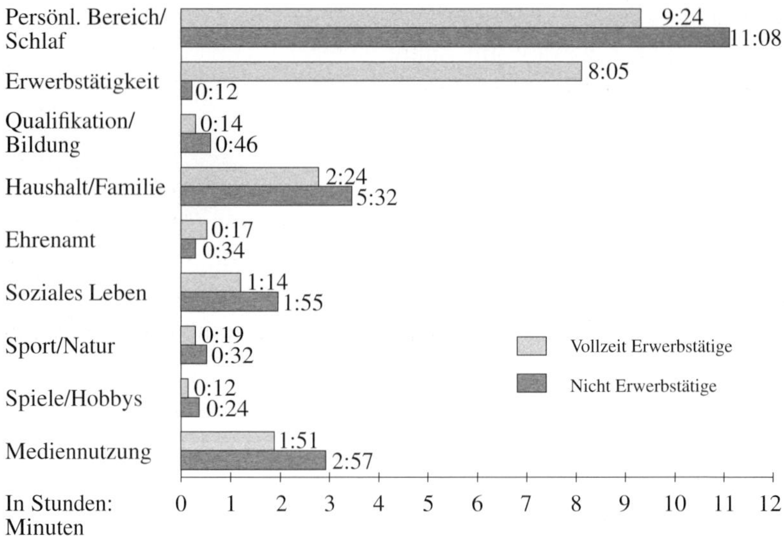

Dieses Diagramm enthält mehrere Fehler. Vergleicht man z. B. die Balkenlängen im Bereich Ehrenamt, so ist hier eine Zeitspanne von 17 Minuten durch einen längeren Balken dargestellt als eine von 34 Minuten. Auch 19 Minuten im Bereich Sport/Natur sind durch einen kürzeren Balken gekennzeichnet als diese 17 Minuten. Insbesondere müsste der Balken zu 34 Minuten doppelt so lang sein wie der zu 17 Minuten.

Auftrag D3: *Finden Sie noch einen weiteren Fehler in der obigen Darstellung und korrigieren Sie falsche Einträge. Beschreiben Sie Ihre Vorgehensweise.*

Beispiel 4: Im Wirtschaftsteil des Mühldorfer Anzeigers vom 17. Dezember 2008 wurde die Rezession in der Autobranche thematisiert.

Analysieren Sie die Aussagen im Text ganz rechts.

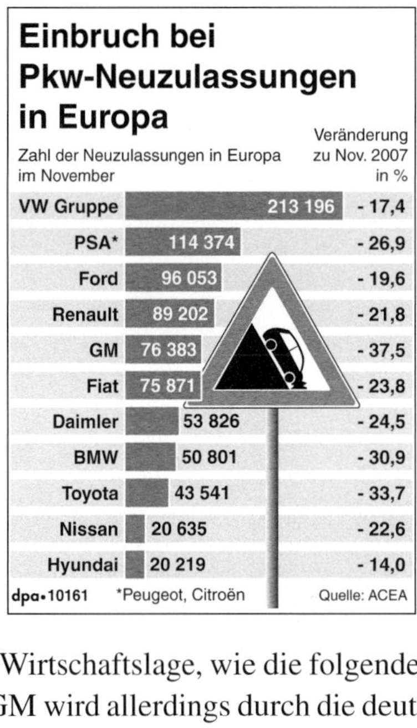

Dramatische Einbrüche beim Autoverkauf in Europa

Schlimm traf es BMW mit einem Minus von 30,9 % im November. Weltweit hat der Konzern nach eigenen Angaben 25,4 % weniger Fahrzeuge verkauft. (...).
Wie nahe Misserfolg und Erfolg (...) beieinander liegen, zeigt General-Motors: Während der US-Konzern insgesamt mit 37,5 % den größten Absatzverlust (...) verkraften muss, wurden bei der deutschen Tochter Opel Sonderschichten angeordnet, um der Nachfrage nach dem neuen Modell Insignia nachzukommen.

Lösung: Das Minus von 30,9% bei BMW „im November" ist sicher bemerkenswert, allerdings ist es nicht – wie der Text nahe legt – im November 2008 entstanden, sondern im Vergleich zum November 2007, d. h. innerhalb eines Jahres. Auch liegen die Ursachen nicht allein in der instabilen Wirtschaftslage, wie die folgenden Aussagen belegen. Das noch dramatischer erscheinende Minus bei GM wird allerdings durch die deutsche Tochter Opel korrigiert...

Auftrag D4: *Prüfen Sie die Darstellung des Verkaufsrückganges im Verkehrsschild auf ihre Übereinstimmung mit dem Text.*

Mathematisch argumentieren und kommunizieren

Im Zusammenhang mit mathematischem Argumentieren sollen Aussagen zu logischen Argumentationsketten verbunden oder bereits vorhandene Argumentationen auf der Grundlage fundamentaler Gesetze und Vereinbarungen verstanden bzw. kritisch reflektiert werden. So müssen beispielsweise bekannte – auch mehrschrittige - Argumentationsmuster reproduziert, erläutert oder entwickelt werden. Darüber hinaus kann es erforderlich sein, komplexere Argumentationen zu nutzen oder nach Kriterien wie Reichweite und Schlüssigkeit zu bewerten. Typische Fragestellungen sind in solchen Fällen „Begründen/Überprüfen/Widerlegen Sie …“, „Gilt das immer?“ oder „Stimmt es, dass …?“
Wesentlich ist in diesem Zusammenhang sowohl das Verstehen von mündlichen oder schriftlichen Äußerungen mit mathematischem Inhalt als auch das verständliche Darstellen von Überlegungen, Lösungswegen und Ergebnissen, insbesondere wenn es darum geht, einem Außenstehenden einen Lösungsweg zu erläutern. Deshalb spielt die sorgfältige Verwendung von Fach- und Alltagssprache eine große Rolle.

Beispiel 1: In jedem rechtwinkligen Dreieck gilt der Satz des Pythagoras *„Der Flächeninhalt des Quadrats über der Hypotenuse ist genauso groß wie die Summe der Flächeninhalte der Quadrate über den Katheten.“* Karolina behauptet: „Ersetzt man in diesem Satz das Wort *Quadrate* durch das Wort Halbkreise, so ist die Aussage immer noch richtig.“

Lösung: Karolina hat Recht, denn der Flächeninhalt von Halbkreisen lässt sich mithilfe des Radius zu $A_{\text{Halbkreis}} = \frac{1}{2} r^2 \pi$ angeben. Berechnet man damit die Flächeninhalte der Halbkreise über den Katheten a bzw. b eines rechtwinkligen Dreiecks ABC mit $\gamma = 90°$ und vergleicht mit dem Flächeninhalt des Halbkreises über der Hypotenuse c, so ergibt sich $A_{\text{KathetenHK}} = \frac{1}{2}\left(\frac{a}{2}\right)^2 \pi + \frac{1}{2}\left(\frac{b}{2}\right)^2 \pi = \frac{1}{8} \pi \, (a^2 + b^2)$ bzw. $A_{\text{HypotenusenHK}} = \frac{1}{2}\left(\frac{c}{2}\right)^2 \pi = \frac{1}{8} \pi \cdot c^2$. Nach dem Satz von Pythagoras ist $a^2 + b^2 = c^2$ und damit stimmt Karolinas Behauptung.

Auftrag A1: *Dass Karolinas Behauptung auch für andere Figuren richtig ist, zeigt die Bildsequenz aus dem Mathematikum in Gießen.*
Stellen Sie für einen Schüler, der den Satz des Pythagoras bereits kennt, den Sachverhalt dar, den die Bilder zeigen, und formulieren Sie eine möglichst weitgehende Vermutung.

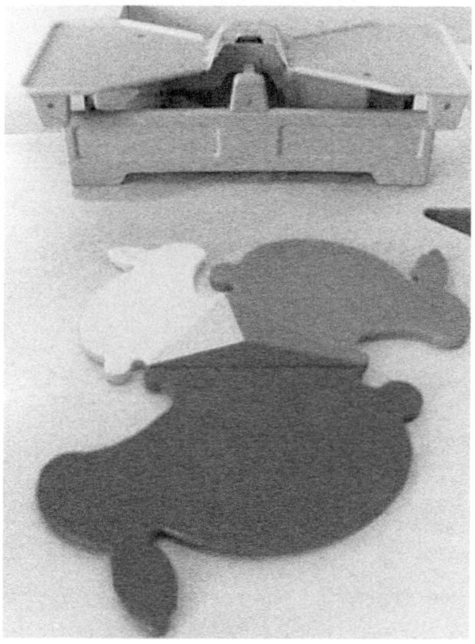

Beispiel 2: Die Zeichnung zeigt Strecken $[AB]$ und $[AC]$ bzw. $[AB]$ und $[BD]$, die miteinander 90° bzw. 89° einschließen. Zudem sollen $[AC]$ und $[BD]$ gleich lang sein. Konstruiert man die Mittelsenkrechten von $[AB]$ bzw. $[CD]$, so schneiden diese sich in einem Punkt S (Zeichnung nicht maßstabsgetreu!). Da S auf beiden Mittelsenkrechten liegt, sind folgende Streckenlängen gleich: $\overline{AS} = \overline{BS}$ und $\overline{CS} = \overline{DS}$. Da die beiden Dreiecke ASC und DSB somit paarweise in drei Seiten übereinstimmen, sind sie zueinander kongruent und die Winkel $\sphericalangle SAC$ sowie $\sphericalangle DBS$ sind gleich groß.

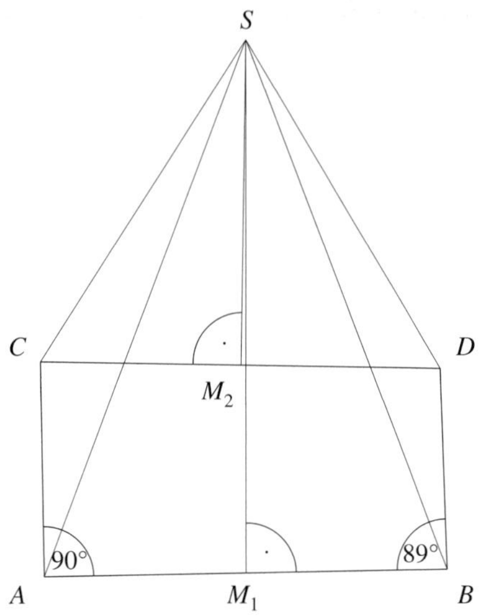

Auftrag A2: *Ferdinand setzt die Beweiskette folgendermaßen fort:* „Aufgrund der Kongruenz zweier anderer Dreiecke in dieser Figur sind auch die Winkel $\sphericalangle M_1AS$ und $\sphericalangle SBM_1$ gleich groß. Deshalb ergibt die Summe der Winkel $\sphericalangle SAC$ und $\sphericalangle M_1AS$ einen rechten Winkel, die Summe der Winkel $\sphericalangle DBS$ und $\sphericalangle SBM_1$ ergibt jedoch nur 89°. Das heißt:
$90° = \sphericalangle SAC + \sphericalangle M_1AS = \sphericalangle DBS + \sphericalangle SBM_1 = 89°$."
Fertigen Sie zunächst eine maßstabsgetreue Zeichnung an, in der Sie für den Winkel 89° z. B. nur 70° wählen, und beurteilen Sie dann die Fortsetzung der Beweiskette durch Ferdinand.

____

____

____

____

____

____

Beispiel 3: Zeigen Sie, dass folgende Aussage richtig ist:
„Stimmt das arithmetische Mittel von zwei reellen Zahlen a und b mit einer der beiden Zahlen überein, so sind die beiden Zahlen gleich."

Lösung: Formt man die Gleichung $\frac{a+b}{2} = a$ um, so erhält man $a + b = 2a$ bzw. $b = a$, womit die Behauptung bewiesen ist.

Auftrag A3: *Erklären Sie einem Schüler der 7. Jahrgangsstufe, wie die Aussage aus Beispiel 3 genutzt werden kann, um zu zeigen, dass* $1{,}\overline{9} = 2{,}0$ *ist.*

Beispiel 4: In einer Lostrommel liegen 5 Lose, von denen nur ein einziges ein Gewinnlos ist. Anna, Charlotte, Bernd, Dorle und Eva streiten um die Reihenfolge beim Ziehen. Ihre Mathelehrerin zeigt ihnen die folgende Abbildung aus einem Buch über Stochastik und hofft, dass der Streit damit beendet ist.

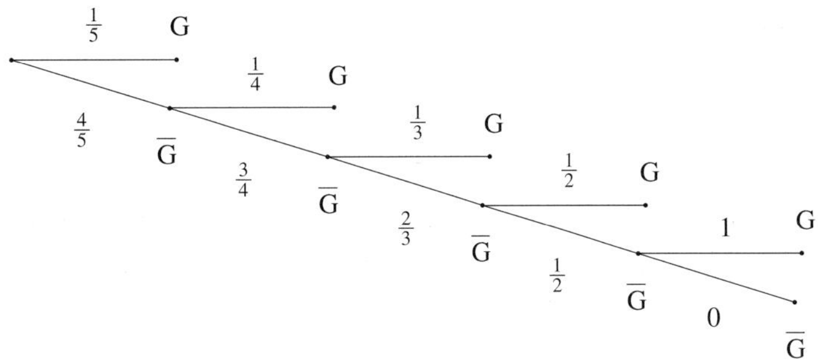

Berechnen Sie die Gewinnwahrscheinlichkeit für Dorle, die als dritte ziehen darf.

Lösung:
(Gewinn im 3. Zug) $= \frac{4}{5} \cdot \frac{3}{4} \cdot \frac{1}{3} = \frac{1}{5}$
Weil aber auch
P(Gewinn im 1. Zug)
$= P$(Gewinn im 2. Zug)
$= P$(Gewinn im 4. Zug)
$= P$(Gewinn im 5. Zug) $= \frac{1}{5}$ ist, muss sich niemand benachteiligt fühlen, wenn er nicht gleich zu Beginn ziehen darf.

Auftrag A4: *Wie verändert sich die Situation, wenn zwei Gewinnlose in der Trommel sind? Würden Sie lieber anfangen oder bis zum Ende warten?*

Probleme mathematisch modellieren und lösen

Alltagsfragen können häufig in Mathematik übersetzt und dann innerhalb eines mathematischen Modells, das unter Umständen auch nur bestimmte Teilaspekte der Realität berücksichtigt, bearbeitet werden. Bei diesem Modellierungsprozess können Sie in folgenden Schritten vorgehen:
Zunächst muss die Aufgabe erfasst bzw. verstanden werden, danach müssen Sie geeignete Annahmen treffen, um das Modell zu erstellen, und schließlich wird Mathematik benutzt, um zu einem Ergebnis zu kommen. Im Anschluss muss stets eine kritische Reflexion des Ergebnisses, also eine Überprüfung des mathematischen Resultats am realen Kontext erfolgen.
Im Zusammenhang mit der Modellierung müssen unter Umständen auch Probleme gelöst werden, die strategisches Vorgehen erfordern. Neben Veranschaulichen und systematischem Probieren können Vorgehensweisen wie Probieren am Einzelfall oder Vorwärts- bzw. Rückwärtsarbeiten hilfreich sein.

Beispiel 1: Die 760 Teilnehmer an einer Sternfahrt der Arbeiterwohlfahrt sollen aus verschiedenen oberbayerischen Gemeinden mit Bussen zu einem Volksfestnachmittag gefahren werden. Es stehen Busse mit zwei unterschiedlichen Kapazitäten (Typ A mit 53 Sitzplätzen bzw. Typ B mit 24 Sitzplätzen) zur Verfügung. Die kleineren Busse sollen aus Umweltschutzgründen bevorzugt eingesetzt werden, um die anfallenden Fahrtkilometer zu reduzieren. Am Zielort sind maximal 20 Busparkplätze vorhanden.
Wie viele Busse der Typen A bzw. B müssen eingesetzt werden?

Lösung: Bezeichnet man a als Anzahl der Busse mit 53 Sitzplätzen und b als Anzahl der Busse vom Typ B, so müssen folgende Bedingungen erfüllt sein:
(I) $a + b \leq 20$
(II) $53a + 24b \geq 760$
Löst man die erste Ungleichung z. B. nach a auf, erhält man $a \leq 20 - b$. Setzt man das in die zweite Ungleichung ein, so ergibt sich nach Zusammenfassen $300 \geq 29b$ oder $b \leq 10{,}34$, was höchstens 10 Busse vom Typ B bedeutet.
Werden also 10 Busse vom Typ A und 10 Busse vom Typ B eingesetzt, so ist eine größtmögliche Anzahl von Bussen mit nur 24 Sitzplätzen dabei und es können insgesamt 530 + 240 = 770 Fahrgäste – das sind etwas mehr als die benötigten 760 Plätze – befördert werden.
Zur Kontrolle kann man nachrechnen, dass 11 Busse mit 24 Plätzen und 9 mit 53 Plätzen nur 741 Fahrgäste transportieren könnten.

Auftrag M1: *Ein Bus mit 24 Sitzplätzen kostet für eine Tagesfahrt 340 €, der größere 450 €. Wie verändern sich die Gesamtkosten bzw. die Kosten pro Person, wenn sich bei sonst gleichen Voraussetzungen nur 740 Personen angemeldet haben?*

Beispiel 2: Die Konstruktion der Basilika des Wallfahrtsortes „Regina Montis Regalis“ in Vicoforte Mondovì (Italien) erstreckte sich über zwei Jahrhunderte von 1596–1733. Die elliptische Kuppel ist die größte der Welt, ihre Halbachsen $[CE]$ bzw. $[BC]$ sind 24,50 m bzw. 37,15 m lang. Im linken Bild ist die Sicht auf die „längere Seite“, im rechten Bild die auf die „kürzere Seite“ der Kuppel über dem Eingangsportal zu sehen.

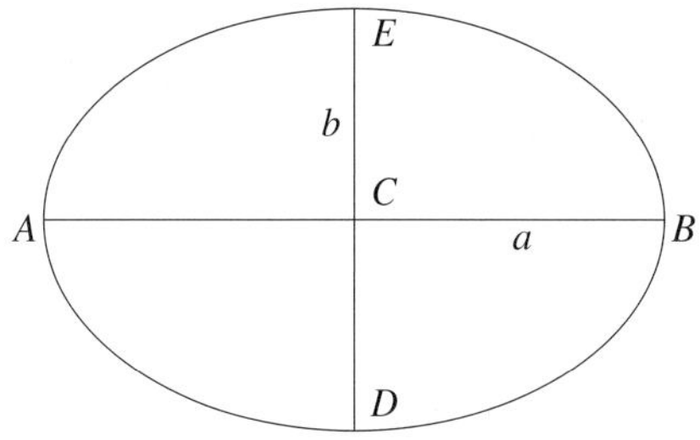

Das Volumen des mit dieser Kuppel umbauten Raumes soll mithilfe einfacher geometrischer Körper abgeschätzt werden.

Lösung: Mit dem linken Foto kann aus den Abmessungen des Grundrisses auf die Höhe der Kuppel geschlossen werden. Man erhält etwas mehr als 12 m, wenn man berücksichtigt, dass ihre „Länge“ etwa 74 m beträgt. Denkt man sich zwei nebeneinander liegende Halbzylinder mit Radius 12 m und Länge (d. h. Höhe) 74 m über die Kuppel gestülpt, so ergibt sich als Schätzwert für deren Volumen
$2 \cdot 0{,}5 \cdot (12\,\text{m})^2 \cdot \pi \cdot 74\,\text{m}$ und somit etwa $33\,500\,\text{m}^3$.

Auftrag M2: *Das Taschenbuch der Mathematik von Bronstein-Semendjajew*[1] *gibt das Volumen eines Rotationsellipsoids mit Halbachsen a, b, c als* $V = \frac{4}{3}\pi \cdot abc$ *an. Berechnen Sie damit das Volumen der Kuppel von Vicoforte und erklären Sie die prozentual große Abweichung vom obigen Schätzwert. Vergleichen Sie das Kuppelvolumen mit dem Volumen des Weinfasses im Bild rechts.*

1 *Taschenbuch der Mathematik von Bronstein-Semendjajew, 7. Auflage, S. 195*

Beispiel 3: Bei einem Auswahltest zu einer Fernsehshow sind fünf Fragen zu beantworten, bei denen von jeweils drei Auswahlmöglichkeiten nur eine richtig ist. Wie wahrscheinlich ist es, dass eine Testperson durch reines Raten genau vier richtige Antworten gibt?

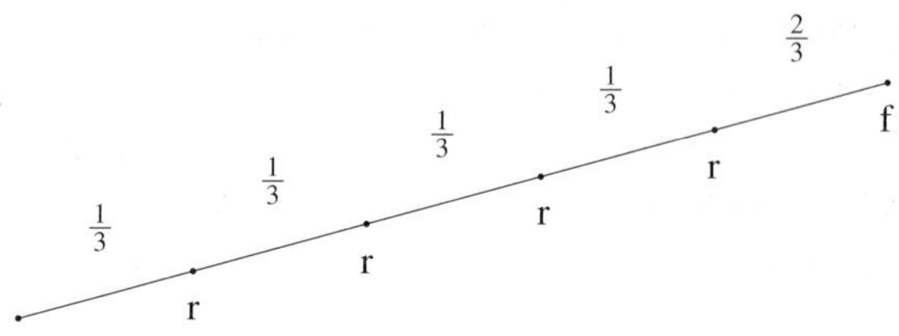

Lösung: Modelliert man mit einem Baumdiagramm, so zeigt einer von fünf entscheidenden Pfaden, wie die Wahrscheinlichkeit des Ereignisses berechnet werden kann:
P(„genau vier richtig geraten") $= 5 \cdot \left(\frac{1}{3}\right)^4 \cdot \frac{2}{3} = 0{,}04115\ldots \approx 4\%$

Auftrag M3: Auf dem Weg zur Schule muss Anton jeden Morgen mit dem Fahrrad zwei durch Ampeln geregelte Kreuzungen überqueren. Die erste Ampel zeigt 20s grün und 40s rot, die zweite 40s grün und 60s rot. Mit welcher Wahrscheinlichkeit muss er an beiden Ampeln warten?

Beispiel 4: Ein Werbeprospekt verspricht 6732 Liter Wasser in einem Pool von etwa 3,66 m Durchmesser und einer Höhe von 91 cm. Dabei ist der Pool nur zu 80 % gefüllt.
Was halten Sie von diesen Angaben?

Lösung: Fasst man den Pool annähernd als Zylinder auf, so ergibt sich als Volumen $V = r^2 \pi h \approx 9{,}6\,\text{m}^3$; bei 80 % Füllung müssten etwa $7{,}7\,\text{m}^3$, also etwa 7700 l Wasser enthalten sein. Das angegebene Wasservolumen erscheint viel zu niedrig.
Auf alle Fälle ist die angegebene Genauigkeit übertrieben. Eine Angabe von ca. 6700 Liter wäre ausreichend gewesen. Nimmt man nämlich an, dass Durchmesser und Höhe auf 0,5 cm (also auf 5 mm!) genau gemessen werden könnten, so ist die Differenz zwischen maximalem und minimalem Volumen nahezu 160 Liter. Die Angaben im Werbeprospekt sind also in mehrfacher Hinsicht fragwürdig.

Auftrag M4: *Ein Schüler hat in einer Formelsammlung die Formel für das Volumen eines abgeschnittenen Kegels* $V = \frac{\pi h}{3}(R^2 + r^2 + Rr)$ *gesucht, denn er bezweifelt, dass die Modellierung mit einem Zylinder im obigen Beispiel passend ist. Überprüfen Sie erneut die Aussage im Prospekt.*

Test zum Grundwissen

Beachten Sie, dass Sie keinen Taschenrechner verwenden dürfen!

1 a) Formulieren Sie eine Rechenregel für die Multiplikation von Potenzen.

1P

b) Bei welchem Term kann man nicht weiter zusammenfassen? **1P**

☐ $3x^3 + x^3$ ☐ $3x^0 + 1^{-1}$ ☐ $3x^5 + y^5$ ☐ $3x^{\frac{1}{5}} \cdot y^{\frac{1}{5}}$

2 a) Eine Parabel wird durch die Gleichung $y = -0{,}5(x-2)^2 + 4$ beschrieben.
Entscheiden Sie, ob die Aussagen richtig oder falsch sind: **2P**

	richtig	falsch
Die Parabel ist symmetrisch zur Geraden $y = 2$.	☐	☐
Die Parabel schneidet die y-Achse in $P(0 \mid 2)$.	☐	☐
Die Parabel enthält den Punkt $Q(4 \mid -11)$.	☐	☐
Die Parabel verläuft für $x < -2$ unterhalb der x-Achse.	☐	☐

b) Wie lautet die Gleichung der Parabel, die entsteht, wenn man die Kurve aus Teilaufgabe a) um 2 Einheiten in Richtung der positiven x-Achse und um 4 Einheiten in Richtung der negativen y-Achse verschiebt?

1P

3 Bernd hatte die Aufgabe, durch Konstruktion eine Strecke mit Länge $\sqrt{8}$ cm zu erzeugen.
Die Zeichnung zeigt seine Vorgehensweise.
Beschreiben Sie diese und begründen Sie, dass sie zum richtigen Ergebnis führt, wenn er für die Länge der Strecke $[AD]$ 4 cm, für $\overline{BD}$ 2 cm wählt.

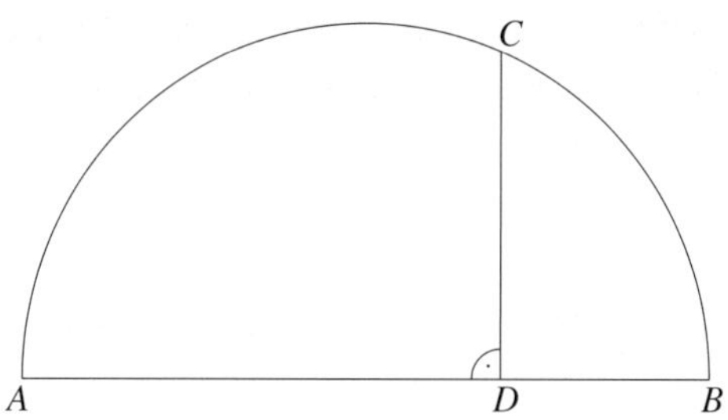

2P

4 Eine Kreisfläche mit dem Radius R wird durch einen Kreis mit dem Radius r in zwei gleich große Flächen zerlegt.
Kreuzen Sie die falschen Gleichungen an.

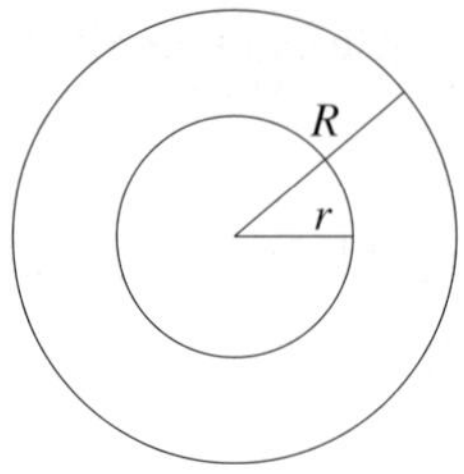

☐ $r = \frac{R}{2}$ ☐ $r = \frac{\sqrt{2}\,R}{2}$ ☐ $R = r \cdot \sqrt{2}$ ☐ $R - \frac{1}{2} = r$ **1P**

5 a) Ein vierseitiges gerades Prisma mit rechteckiger Grundfläche hat eine Kante, die 20 cm lang ist. Die Summe aller Kantenlängen beträgt 2,4 m.
Wie groß ist das Volumen des größten dieser Prismen?

____

____

______________________________ **2P**

b) Wie ändert sich der Mantelflächeninhalt eines geraden Kreiskegels mit Radius $3a$ und Höhe $4a$, wenn man a um 10 % vergrößert?

☐ 70 % ☐ 21 % ☐ 13 %

______________________________ **1P**

6 Das Baumdiagramm gehört zu einem Urnenexperiment.
a) Ergänzen Sie das Baumdiagramm.
Tragen Sie <u>alle</u> Wahrscheinlichkeiten ein.

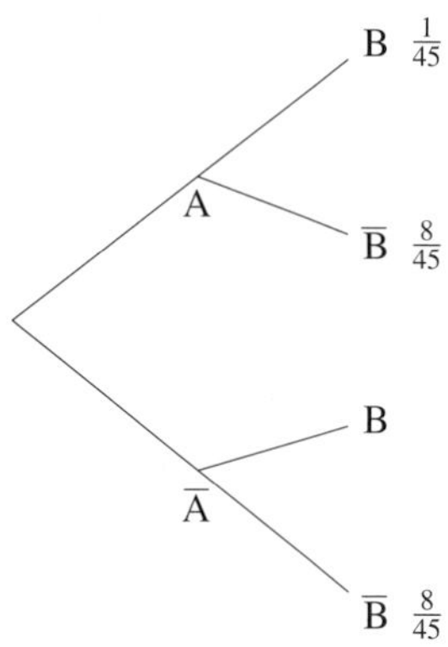

____

____

____

______________________________ **2P**

b) Formulieren Sie ein zum Baumdiagramm passendes Urnenexperiment, wenn $P(A) = \frac{1}{5}$ ist.

____

____

____

______________________________ **1P**

7 Berechnen Sie für einen spitzen Winkel α mit $\sin\alpha = \frac{5}{13}$ den Wert von $\tan(90° - \alpha)$.

2P

8 a) Lösen Sie die Gleichung $\frac{1}{x} + x = 2$.

2P

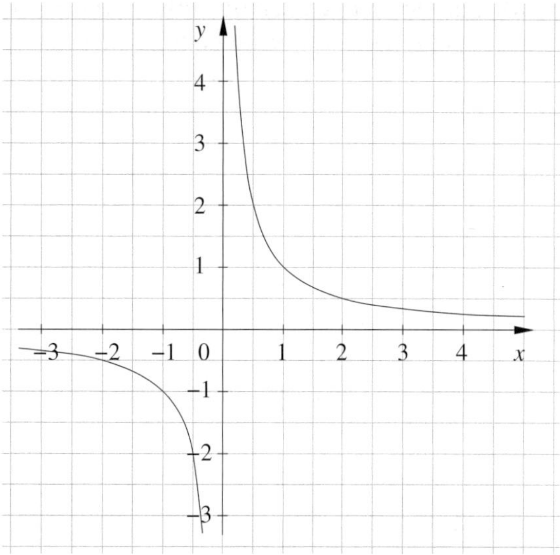

b) Überprüfen Sie die Lösung aus Teilaufgabe a) in nebenstehendem Koordinatensystem. **1P**

9 Im Mühldorfer Anzeiger vom 30.12.2008 äußerte sich der Wirtschaftswissenschaftler Uwe Leprich über hohe Gewinnzuwächse der Energiekonzerne und explodierende Strompreise.
Das Diagramm zeigt, wie sich der Strompreis zusammensetzt.
Erläutern Sie einem Schüler der Unterstufe, wie die Angabe „MwSt 15,98 %" zustande kommt, und zeigen Sie ihm, wie er deren Richtigkeit überprüfen kann.

Wie sich der Strompreis zusammensetzt

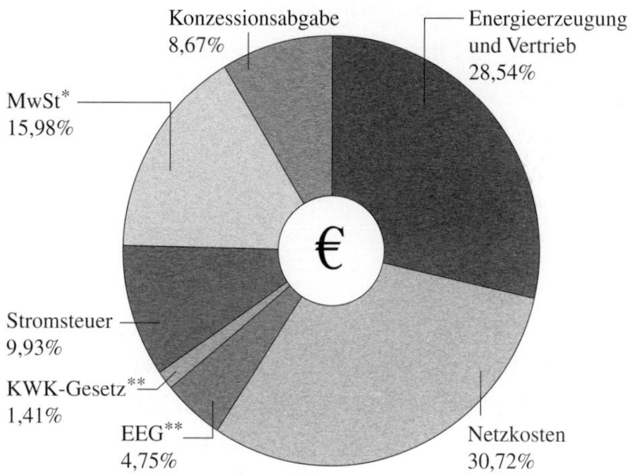

*Die Mehrwertsteuer (auf den Nettostrompreis) beträgt 19 %. Ihr Anteil am Bruttostrompreis beläuft sich somit auf 15,98 %
**Umlagen nach dem Kraft-Wärme-Kopplungsgesetz bzw. dem Erneuerbare-Energien-Gesetz
Quelle: Bundesverband der Energie- u. Wasserwirtschaft

2P

Arbeitszeit: 40 Minuten

Note	1	2	3	4	5	6
Punkte	21–16	15–13	12–10	9–7	6–4	3–0

Beispiel A für eine erste Schulaufgabe, Teil I

Thema: Bogenmaß

1 a) Was versteht man unter dem Bogenmaß eines Winkels φ?

b) Ergänzen Sie die Tabelle durch exakte Werte:

φ_{DEG}	135°		72°	
φ_{RAD}		$1{,}4\,\pi$		$3{,}5\,\pi$

Thema: Kreissektor und Kreisbogen

2 a) Die Bogenlänge eines Kreissektors ist doppelt so lang wie dessen Radius.
Wie viel Prozent der gesamten Kreisfläche sind von diesem Sektor bedeckt?

b) Ein Kreissektor mit Mittelpunktswinkel φ besitzt die Bogenlänge b. Eine Schnur der Länge b wird um 2,0 m verlängert und in gleichmäßigem Abstand d vor den Bogen so platziert, dass ein Kreissektor mit demselben Mittelpunktswinkel φ, aber größerem Flächeninhalt entsteht. Ermitteln Sie einen Term für d in Abhängigkeit von φ und geben Sie an, wie groß dieser Abstand für $\varphi = 90°$ ist.

Thema: Sinus und Kosinus am Einheitskreis

3 a) Ermitteln Sie zeichnerisch Näherungswerte für alle Winkel φ zwischen $-90°$ und $270°$, für die $\sin\varphi = -\frac{3}{4}$ ist.

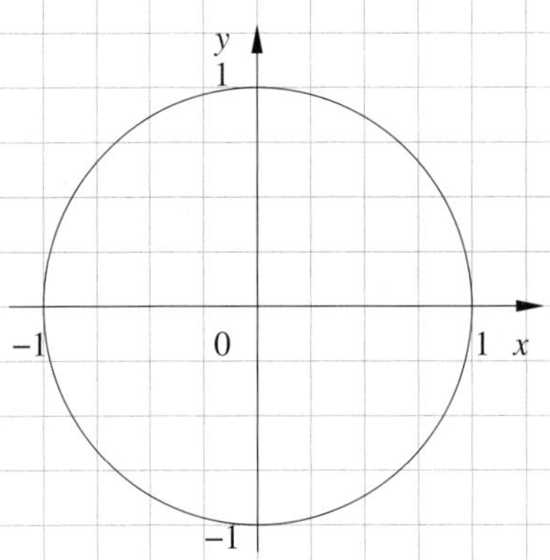

b) Ermitteln Sie exakte Werte für $\tan\varphi$ der in Teilaufgabe a) beschriebenen Winkel.

*Thema: Sinussatz**

4 In einem Dreieck ABC sollen $c = 7\,\text{cm}$ und $\alpha = 45°$ messen.

a) Gibt es ein solches Dreieck, in dem die Seite a die Länge 4 cm hat? Begründen Sie Ihre Antwort zunächst ohne Zeichnung.

b) Wie lang muss die Seite a mindestens sein, damit es ein Dreieck ABC mit $c = 7\,\text{cm}$ und $\alpha = 45°$ gibt? Fertigen Sie eine Skizze an und berechnen Sie die Länge von a.

Beispiel A für eine erste Schulaufgabe, Teil II

Thema: Elementare Kreisteile

1 Das vierblättrige Kleeblatt in der Zeichnung wird von vier Dreiviertelkreisbögen mit Radius a begrenzt. Die Mittelpunkte der Kreisbögen bilden ein Quadrat.

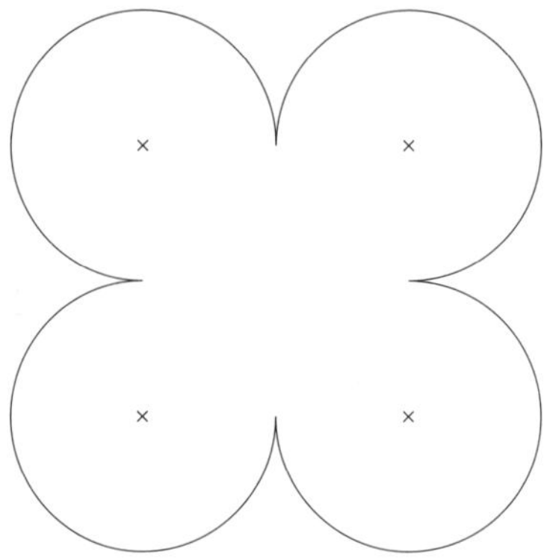

a) Wie groß ist der Mittelpunktswinkel eines Kreissektors mit Radius $4a$, dessen Bogenlänge mit der Umfangslänge des Kleeblatts übereinstimmt?

b) Um wie viel Prozent ist der Flächeninhalt des Kleeblatts größer als der des Quadrats, das die Mittelpunkte der Kreisbögen bilden?

Thema: Sinusfunktion

2 a) Zeichnen Sie – z. B. mit einer passenden Schablone – den Graphen der Funktion $f(x) = 2 + \sin x$, $x \in \mathbb{R}$, im Intervall $[-\pi; 2\pi]$.

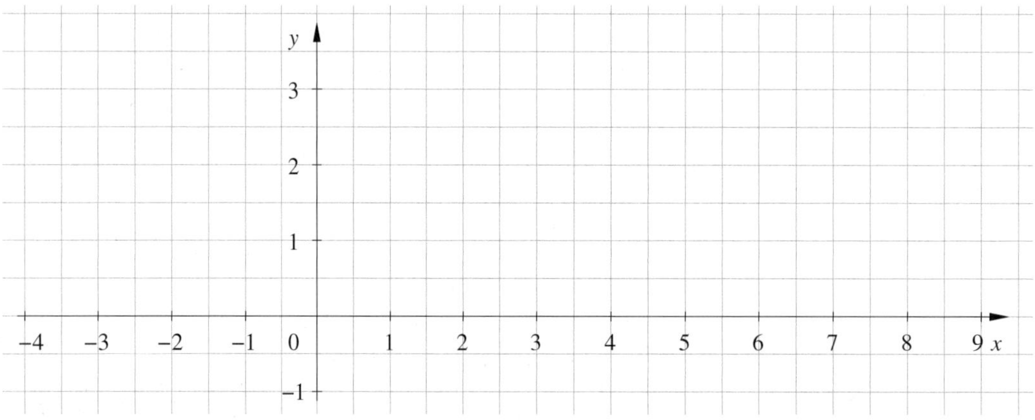

b) Markieren Sie das Flächenstück, das der Graph der Funktion f mit den Koordinatenachsen und der Geraden $x = 2\pi$ einschließt. Wie groß ist der Flächeninhalt dieses Flächenstücks? Begründen Sie Ihre Antwort.

c) Ein Oberstufenschüler hat berechnet, dass der Flächeninhalt zwischen der Sinuskurve und den Koordinatenachsen im Intervall $[0; \pi]$ zwei Flächeneinheiten misst.
Geben Sie unter Verwendung dieser Information den Inhalt eines weiteren Flächenstücks in der Zeichnung der Teilaufgabe a) an.

Thema: Form- und Lageänderungen der Sinuskurve

3 a) Wählen Sie diejenigen Funktionsterme aus, die zu den Graphen passen:

$f(x) = \sin(x+2)$; $g(x) = \sin(x-2)$; $h(x) = 2 + \sin x$;
$k(x) = 3 - \sin x$; $l(x) = \sin x - 3$; $m(x) = 2 \sin x$

Begründen Sie Ihre Wahl.

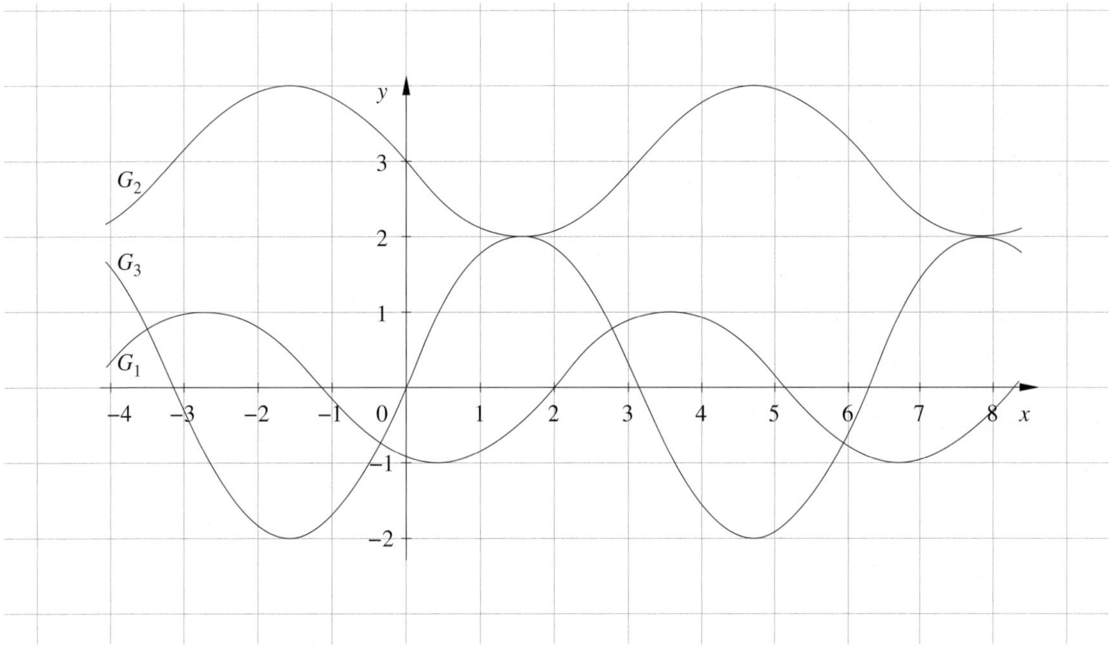

b) Geben Sie die Gleichung einer Kosinusfunktion an, die zum Graphen G_3 gehört.

c) Tragen Sie den Graphen der Funktion $f(x) = -\cos(x - \pi)$, $x \in \mathbb{R}$, mit Farbe in das Koordinatensystem ein.

Beispiel B für eine erste Schulaufgabe

Thema: Kreissektor und Bogenmaß

1 Ein Kreissektor vom Radius r hat denselben Flächeninhalt wie das Quadrat über dem Radius.

a) Ermitteln Sie den Mittelpunktswinkel des Sektors im Grad- bzw. Bogenmaß.

b) Um wie viel Prozent ist der Kreissektor mit Mittelpunktswinkel $\frac{\pi}{2}$ kleiner als das Quadrat über dem Radius?

c) Aus einer rechteckigen Holzplatte soll ein Kreis ausgeschnitten werden. Bestimmen Sie den minimalen Verschnitt unter Verwendung von Teilaufgabe b). Begründen Sie sorgfältig.

Thema: Elementare Kreisteile

2 a) Ermitteln Sie einen möglichst einfachen Term für die Umfangslänge eines der beiden Möndchen in der Figur.

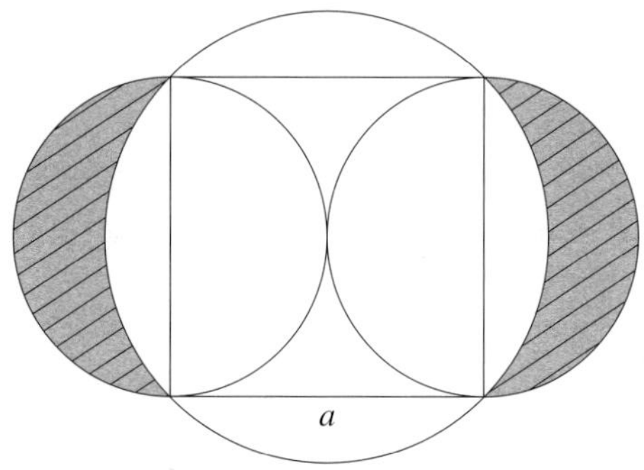

b) Für den Flächeninhalt eines Möndchens aus Teilaufgabe a) hat ein Schüler den Term

$A = \frac{1}{2}\left(\frac{a}{2}\right)^2 \pi - \frac{(a\sqrt{2})^2}{4} \pi$ angegeben.

Zeigen Sie durch Termumformungen, dass dieser Ansatz falsch ist. Welche Fehler sind passiert?

Thema: Sinus und Kosinus am Einheitskreis

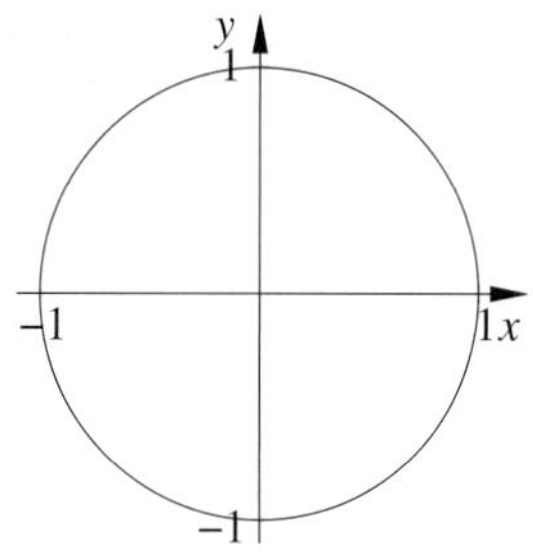

3 a) Tragen Sie am Einheitskreis $\sin x$ und $\cos x$ zu einer Bogenlänge $x < \frac{\pi}{2}$ ein.

b) Durch Einzeichnen eines geeigneten Radius entsteht in Teilaufgabe a) ein Dreieck. Zeichnen Sie ein dazu ähnliches Dreieck mit einer Ecke in (1; 0) ein und bestimmen Sie einen Term für die Länge der Hypotenuse dieses Dreiecks. Welcher Wert ergibt sich speziell für $\sin x = 0{,}5$?

*Thema: Kosinussatz**

4 Begründen Sie die Aussage: „*Der Satz des Pythagoras ist ein Sonderfall des Kosinussatzes.*“

Thema: Trigonometrische Funktionen

5 Im Koordinatensystem ist der Graph einer Sinusfunktion f mit $D_f = \mathbb{R}$ gezeichnet.

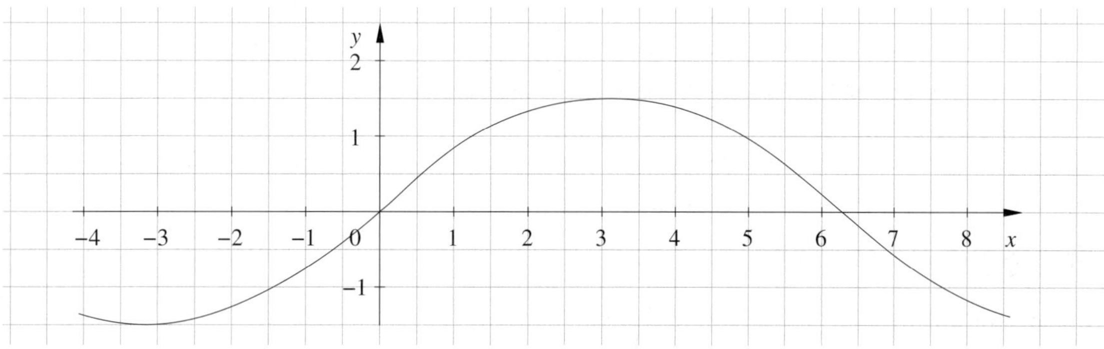

a) Geben Sie die Periodenlänge und den Funktionsterm von f an.

b) Wie verändert sich der Funktionsterm, wenn man den Graphen am Ursprung spiegelt?

c) Schreiben Sie den Funktionsterm aus Teilaufgabe a) als Kosinusfunktion und belegen Sie Ihre Antwort anhand ausgewählter Funktionswerte.

Beispiel C für eine erste Schulaufgabe

Thema: Kreisringe

1 „*Geldstrafe für Lieferservice*" lautete eine Schlagzeile im Mühldorfer Anzeiger vom 19. März 2008. Ein Mitarbeiter der Lebensmittelüberwachung im Landratsamt Landsberg hatte festgestellt, dass der Durchmesser einer auf einem Blech mit Außendurchmesser 28 cm gefertigten Pizza nur 27 cm maß, sodass 0,004 319 69 Quadratmeter Lebensmittel weniger als versprochen geliefert wurden. Bei einem Blech vom Durchmesser 32 cm fehlten angeblich 0,002 493 64 Quadratmeter. Das Bußgeld sollte 5000 € betragen.

a) Überprüfen Sie die Angaben des Kritikers für die kleinere Pizza und nehmen Sie zur Anzahl der angegebenen Dezimalen Stellung.

b) Bei der größeren Pizza wurde für die Breite des fehlenden Kreisrings ein anderer Messwert als in a) zu Grunde gelegt. Machen Sie diese Aussage ohne Rechnung plausibel. Berechnen Sie dann mit den Angaben aus dem Text einen ungefähren Wert für die Breite des fehlenden Randes.

Thema: Elementare Kreisteile

2 In der Zeichnung rechts wurden die vier Mittelpunkte der Kreisbögen, die die „Glocke" begrenzen, gekennzeichnet.

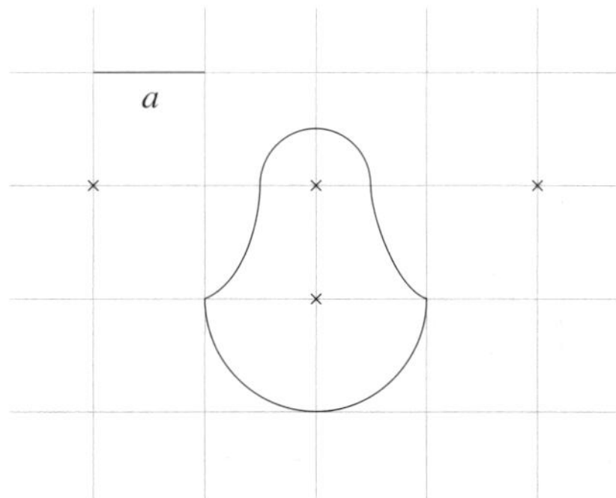

a) Welchen Radius hat der Halbkreis, der die „Glocke" oben begrenzt? Begründen Sie Ihre Antwort.

☐ $0{,}5\,a$ ☐ $a\sqrt{2} - a$ ☐ $2a - a\sqrt{2}$

b) Ermitteln Sie einen möglichst einfachen Term für den Umfang der „Glocke" in Abhängigkeit von a.

c) Um wie viel Prozent unterscheidet sich der Flächeninhalt des Mittelteils der Glocke vom Inhalt des umgebenden Rechtecks mit der Breite a und der Länge $2a$?

*Thema: Berechnungen an beliebigen Dreiecken**

3 a) Leiten Sie den Sinussatz für die Seiten b und c eines spitzwinkligen Dreiecks ABC her.

b) In einem Dreieck ABC ist $\alpha = 40°$ und $\beta = 110°$, die Seite a misst 6,5 cm und die Seite b ist etwa 9,5 cm lang. Berechnen Sie einen Näherungswert für den Umfang des Dreiecks mit dem Kosinussatz und überprüfen Sie Ihr Ergebnis mit dem Sinussatz.

Thema: Trigonometrische Funktionen

4 Im Koordinatensystem ist der Graph einer Kosinusfunktion f mit $D_f = \mathbb{R}$ gezeichnet.

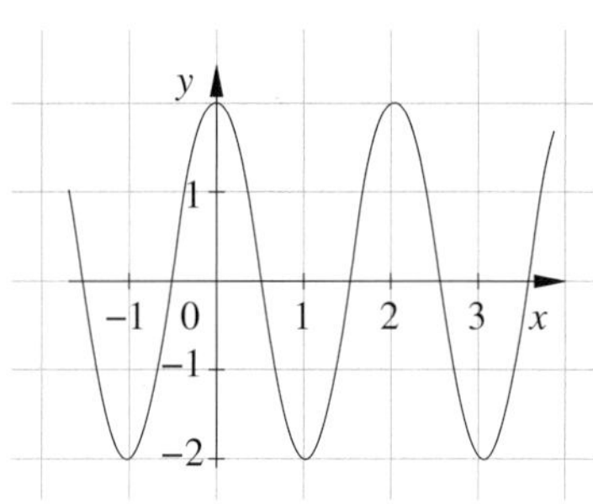

a) Geben Sie die Periodenlänge und den Funktionsterm von f an.

b) Beschreiben Sie, wie man den Funktionsterm verändern muss, wenn der neue Graph durch Spiegelung des Graphen von f an der x-Achse entsteht, seine Schnittpunkte mit der x-Achse aber den Abstand $0{,}5\,\pi$ haben sollen. Begründen Sie kurz.

 Arbeitszeit: 45 Minuten *Wertung:* 5|7 3|5|5 6|5 4|5

Das hätten Sie wissen müssen

1

Thema: Bogenlänge und Flächeninhalt des Kreissektors

- Die Umfangslänge u eines Kreises mit Radius r und Durchmesser d ist direkt proportional zu seinem Durchmesser. Die Proportionalitätskonstante $\frac{u}{d}$ ist die Kreiszahl π, weshalb man die Umfangslänge mit $u = d\pi$ bzw. $u = 2\pi r$ berechnen kann.
  Jeder Mittelpunktswinkel φ legt einen **Kreisbogen mit Bogenlänge** $\boldsymbol{b}$ sowie einen **Kreissektor** mit Flächeninhalt A_S fest. Kreise mit unterschiedlichen Radien sind zueinander ähnlich ebenso wie Kreissektoren mit gleichem Mittelpunktswinkel. Der Quotient aus Bogenlänge und Radius (in der Zeichnung $\frac{b_1}{r_1} = \frac{b_2}{r_2}$) ist deshalb auch ein Maß für den Mittelpunktswinkel φ und wird als **Bogenmaß** φ_{RAD} des Winkels bezeichnet. Im Unterschied zum Gradmaß φ_{DEG} besitzt dieses Winkelmaß keine Einheit, sondern ist eine reelle Zahl. Am Einheitskreis (Kreis mit Radius 1) stimmt das Bogenmaß mit der Maßzahl der zu einem Winkel gehörenden Bogenlänge überein.

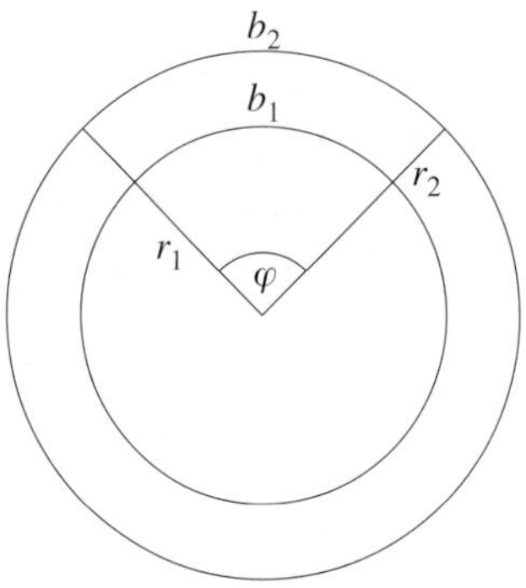

  Da sich die Bogenlänge mit $b = \frac{\varphi}{180°} \cdot r\pi$ berechnen lässt, ergibt sich $\varphi_{RAD} = \frac{b}{r} = \frac{\varphi_{DEG}}{180°} \cdot \pi$. In vielen Fällen wird das Bogenmaß eines Winkels als Vielfaches von π angegeben. Besondere Werte für Grad- und Bogenmaß sollte man auch ohne Taschenrechner kennen:

φ_{DEG} (Gradmaß)	180°	90°	60°	45°	30°	270°	240°	135°	120°	150°
φ_{RAD} (Bogenmaß)	π	$\frac{1}{2}\pi$	$\frac{1}{3}\pi$	$\frac{1}{4}\pi$	$\frac{1}{6}\pi$	$\frac{3}{2}\pi$	$\frac{4}{3}\pi$	$\frac{3}{4}\pi$	$\frac{2}{3}\pi$	$\frac{5}{6}\pi$

- Da auch der Flächeninhalt A_S eines Kreissektors direkt proportional zum Mittelpunktswinkel φ ist, ergibt sich $A_S = \frac{\varphi}{360°} r^2\pi$.

- Eine Sehne teilt einen Kreissektor in ein gleichschenkliges Dreieck und in ein **Kreissegment**. Mithilfe von Winkelfunktionen können die Höhe und die Länge der Basis des gleichschenkligen Dreiecks und damit der Flächeninhalt eines Segments berechnet werden.

  Beispiel: Ist z. B. $\varphi = 80°$, so lässt sich der Flächeninhalt des Segments mit $A_{Segment} = A_{Sektor} - A_{\triangle AMB}$ berechnen. Unter Verwendung von $h_{\triangle AMB} = r \cdot \cos 40°$ findet man den Flächeninhalt A des Dreiecks AMB als $A_{\triangle AMB} = 0{,}5 \cdot \overline{AB} \cdot r \cdot \cos 40°$, wobei $\overline{AB} = 2 \cdot r \sin 40°$ ist.

  Damit ergibt sich $A_{Segment} = \frac{2}{9} \cdot r^2 \cdot \pi - r^2 \sin 40° \cdot \cos 40°$

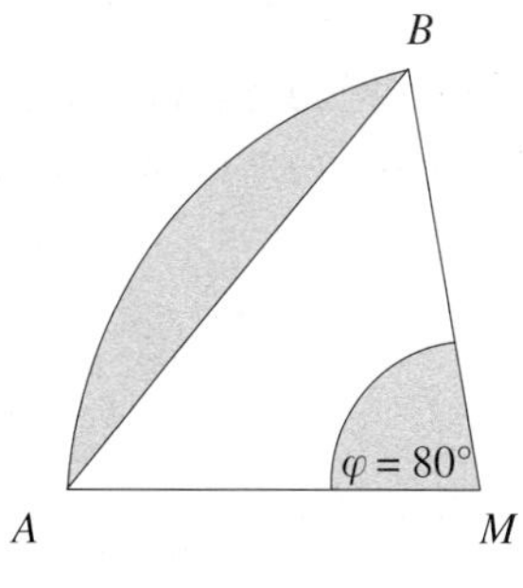

Thema: Elementare Kreisteile

- Umfangslänge und Flächeninhalt von Figuren, die aus Kreisteilen zusammengesetzt sind, lassen sich entweder durch Zerlegen in Teilflächen oder durch Ergänzen ermitteln. Dabei ist zu beachten, dass sich der Umfang eines Kreissektors aus der Bogenlänge und zwei Radien des Kreises zusammensetzt (in der Zeichnung auf S. 27 ist z. B. $u_{Sektor\,AMB} = \frac{4}{9} r\pi + 2r$).

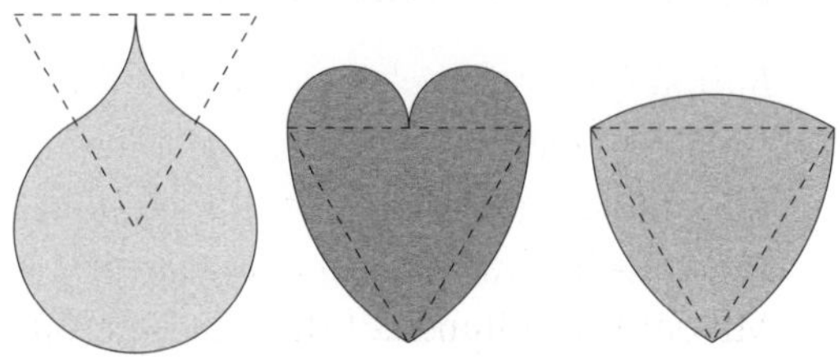
Tropfen Herz Bogendreieck

Beispiel: Der Inhalt der Herzfläche lässt sich folgendermaßen berechnen:

$A_{Herz} = 2 \cdot A_{Halbkreis; r=0,5\,a} + 2 \cdot A_{Segment(60°, r=a)} + A_{gleichseitiges\,Dreieck}$, das bedeutet

$A_{Herz} = 2 \cdot \frac{1}{2}\left(\frac{a}{2}\right)^2 \pi + 2 \cdot \left(\frac{1}{6} a^2\pi - \frac{a^2}{4}\sqrt{3}\right) + \frac{a^2}{4\sqrt{3}}$.

Zusammengefasst liefert das $A_{Herz} = \frac{19}{48}\pi a^2 - \frac{a^2}{4}\sqrt{3}$.

Thema: Sinus und Kosinus am Einheitskreis

- Sinus, Kosinus und Tangens eines spitzen Winkels sind mithilfe der Seiten eines rechtwinkligen Dreiecks definiert. Am Einheitskreis kann man diese Winkelfunktionen als Koordinaten von Punkten $P(x\,|\,y)$ deuten und so auch für Winkel größer als 90° erklären. Dabei erkennt man, dass $x = \sin\alpha$, $y = \cos\alpha$ ist. Ebenso wird $\tan\alpha = \frac{\sin\alpha}{\cos\alpha}$ für alle Winkel mit $\cos\alpha \neq 0$ erklärt.

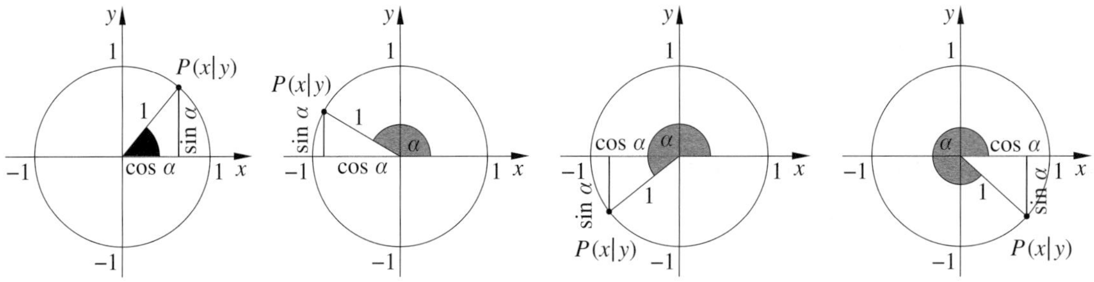

Aus diesen Figuren kann man die Vorzeichen von Sinus und Kosinus in den verschiedenen Quadranten ablesen:

- Da der Taschenrechner beim Ermitteln von Winkeln mithilfe trigonometrischer Funktionen immer nur eine der möglichen Lösungen anbietet, ist es nötig, Zusammenhänge zu spitzen Winkeln herstellen zu können.

  Beispiel: Spiegelt man den zweiten Schenkel eines Winkels α im dritten Quadranten am Ursprung, so sind Sinus- und Kosinuswerte für den Bildwinkel $\alpha' = \alpha - 180°$ dem Betrage nach dieselben. Da für Winkel im dritten Quadranten beide Werte negativ sind, ergibt sich $\sin\alpha = -\sin(\alpha - 180°)$ bzw. $\cos\alpha = -\cos(\alpha - 180°)$.

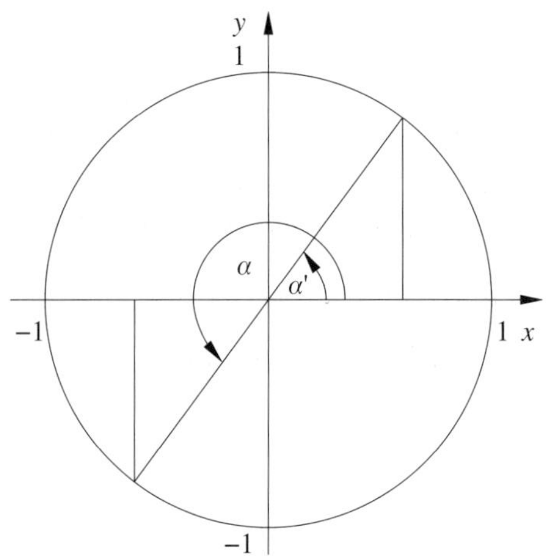

- Sollen Winkel oder Werte trigonometrischer Funktionen mithilfe des Taschenrechners ermittelt werden, so ist es prinzipiell immer möglich, zunächst im Gradmaß zu arbeiten und erst danach gegebenenfalls ins Bogenmaß umzurechnen. Verwendet man jedoch die passende Einstellung des Taschenrechners (meist mit RAD oder R bzw. DEG oder D im Display angezeigt), so kann dieser Umweg entfallen.

Beispiel: Finden Sie alle Winkel im Intervall $[\pi; 3\pi]$, deren Sinuswert $-0{,}8$ beträgt.
Lösung: Überlegungen am Einheitskreis zeigen, dass die gesuchten Winkel im dritten und vierten Quadranten liegen müssen, da im angegebenen Bereich (es kämen auch noch Winkel im ersten und zweiten Quadranten in Frage) nur für diese Winkel der Sinus negativ ist.
Mit der Einstellung auf Radiant liefert der Taschenrechner $\sin^{-1}(-0{,}8) = -0{,}927295218$, was nicht als Lösung brauchbar ist, da dieser Winkel nicht im geforderten Intervall liegt. Addiert man 2π, so ergibt sich der gesuchte Winkel im vierten Quadranten ungefähr mit 5,36. Den Winkel im dritten Quadranten findet man durch Symmetrieüberlegungen z. B. mit $\pi + |\sin^{-1}(-0{,}8)|$ zu etwa 4,07.
Die gesuchten Winkel sind näherungsweise 4,07 bzw. 5,36.
Überprüft man die Überlegungen im Gradmaß, so sind alle Winkel zwischen 180° und 540° gesucht, die den angegebenen Sinuswert haben. Der Taschenrechner zeigt hier den Winkel $\alpha = -53{,}13010235°$, was einem Winkel von etwa 306,9° im vierten Quadranten entspricht. Die Umrechnung ins Bogenmaß ergibt etwa 5,36. Addiert man den Betrag von α zu 180°, erhält man den zweiten gesuchten Winkel mit etwa 233,1° bzw. etwa 4,07 im Bogenmaß.

- Ohne Taschenrechner kann man aber auch z. B. aus vorgegebenen Sinuswerten die Werte der anderen trigonometrischen Funktionen durch Rechnung finden.

Beispiel: Welche Werte hat tan α, wenn $\sin\alpha = \frac{3}{5}$ ist?
Lösung: Der trigonometrische Pythagoras liefert $(\cos\alpha)^2 = 1 - (\sin\alpha)^2$ bzw. $\cos\alpha = \pm\sqrt{1 - \frac{9}{25}}$. Beide Lösungen kommen hier in Frage, da für den Winkel α der erste und zweite Quadrant in Frage kommt.
Damit ergibt sich $\tan\alpha = \pm\frac{0{,}6}{0{,}8}$.
Der Tangens dieser Winkel beträgt also 0,75 oder $-0{,}75$.

*Thema: Berechnungen an beliebigen Dreiecken**

Zeichnet man in einem beliebigen Dreieck die Höhe auf eine Seite ein, so entstehen zwei rechtwinklige Dreiecke, in denen die Definitionen von Sinus und Kosinus direkt angewendet werden können. Damit ergeben sich zwei Zusammenhänge zwischen Seiten und Winkel in beliebigen Dreiecken, die als Sinus- bzw. Kosinussatz bezeichnet werden.

- **Sinussatz:** In jedem Dreieck verhalten sich die Längen zweier Seiten wie die Sinuswerte der den Seiten gegenüberliegenden Winkel.

$\frac{\sin\alpha}{\sin\beta} = \frac{a}{b}$; $\frac{\sin\alpha}{\sin\gamma} = \frac{a}{c}$; $\frac{\sin\beta}{\sin\gamma} = \frac{b}{c}$

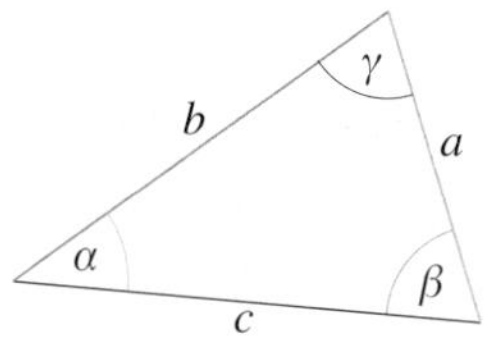

- **Kosinussatz:** In jedem Dreieck ist das Quadrat einer Seitenlänge gleich der Summe der Quadrate der beiden anderen Seitenlängen vermindert um das Doppelte des Produkts aus diesen beiden Seitenlängen und dem Kosinus des von ihnen eingeschlossenen Winkels.

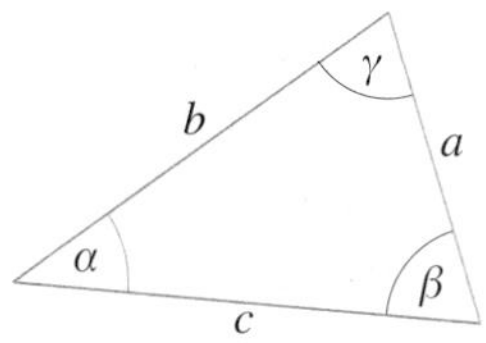

$a^2 = b^2 + c^2 - 2bc\cos\alpha$; $b^2 = a^2 + c^2 - 2ac\cos\beta$;

$c^2 = a^2 + b^2 - 2ab\cos\gamma$

- Bei Berechnungen in Dreiecken müssen stets die grundlegenden Beziehungen und Eigenschaften berücksichtigt werden: eine Seite kann nicht länger als die Summe der beiden anderen Seiten sein, dem größeren Winkel liegt auch die längere Seite gegenüber und die Winkelsumme im Dreieck misst 180°. Ist ein Dreieck durch die angegebenen Stücke aufgrund eines Kongruenzsatzes eindeutig bestimmt, so kann man die fehlenden Stücke ebenfalls eindeutig berechnen.
  Dreiecke sind zueinander kongruent, wenn sie
  - in den Längen der drei Seiten übereinstimmen **(SSS)**.
  - in den Längen zweier Seiten und dem eingeschlossenen Winkel übereinstimmen **(SWS)**.
  - in der Länge einer Seite und zwei gleich liegenden Winkeln übereinstimmen **(SWW** bzw. **WSW)**.
  - in der Länge zweier Seiten und dem Gegenwinkel der längeren der beiden Seiten übereinstimmen **(SsW)**.

- Der Sinussatz ist z. B. einsetzbar, wenn zwei Seiten und der Gegenwinkel einer der beiden Seiten bekannt sind. Dabei kann die Mehrdeutigkeit des Sinus im ersten und zweiten Quadranten hinderlich sein, die leichte Handhabung der Gleichung allerdings von Vorteil.

  Beispiel: Berechnen Sie alle Seiten und Winkel im Dreieck ABC mit $a = 7\,\text{cm}$, $b = 5\,\text{cm}$, $\alpha = 30°$.

  Lösung: Geschickte Verwendung des Sinussatzes liefert $\frac{\sin\beta}{\sin\alpha} = \frac{5}{7}$ und damit $\sin\beta = \frac{5}{14}$. Der Taschenrechners zeigt für $\beta \approx 20{,}9°$. Eine weitere Lösung könnte allerdings auch $\beta' = 180° - \beta$ und damit etwa 159,1° sein. Eine Entscheidung, ob beide Lösungen oder nur eine zutreffen können, lässt sich erst nach Berechnung der restlichen Stücke treffen. Für den Winkel γ erhält man mithilfe der Innenwinkelsumme im Dreieck etwa 129,1°. β' ergibt zusammen mit $\alpha = 30°$ bereits mehr als 180°, sodass diese zweite Lösung nicht in Frage kommt.
  Die Seite c lässt sich erneut mit dem Sinussatz aus $c = \frac{\sin\gamma}{\sin\alpha} \cdot a$ berechnen.

- Der Kosinussatz liefert in all den Fällen eine stets eindeutige Lösung, in denen der Zwischenwinkel der gegebenen Seiten bekannt ist.

Thema: Trigonometrische Funktionen

- Die Funktion $x \mapsto \sin x$; $x \in \mathbb{R}$ heißt **Sinusfunktion**, ihren Graphen bezeichnet man als **Sinuskurve**. Sie ist periodisch mit Periodenlänge 2π und punktsymmetrisch zum Ursprung. Der Wertebereich der Sinusfunktion ist $[-1; 1]$, Nullstellen sind alle ganzzahligen Vielfachen von π. Extremstellen, also Stellen mit kleinstem oder größtem Funktionswert, sind alle ungeraden ganzzahligen Vielfachen von $\frac{\pi}{2}$.

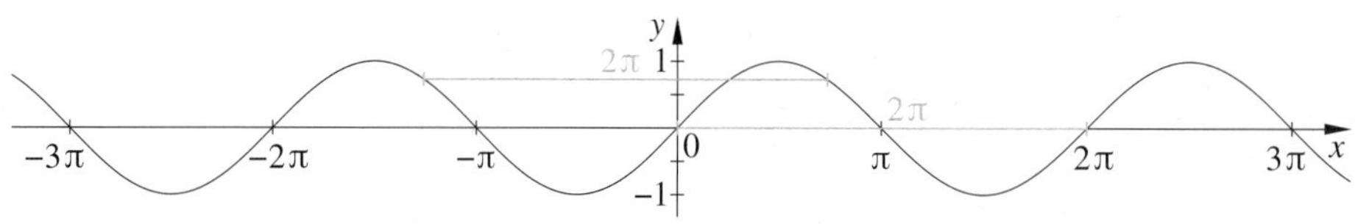

- Die Funktion $x \mapsto \cos x$; $x \in \mathbb{R}$ heißt **Kosinusfunktion**, ihren Graphen bezeichnet man als **Kosinuskurve**. Sie ist periodisch mit Periodenlänge 2π und achsensymmetrisch zur y-Achse. Der Wertebereich der Kosinusfunktion ist $[-1; 1]$; Nullstellen sind alle ungeraden ganzzahligen Vielfachen von $\frac{\pi}{2}$. Extremstellen sind alle ganzzahligen Vielfachen von π.

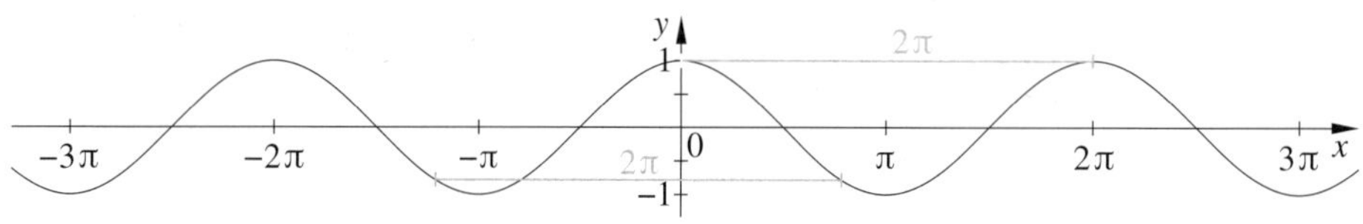

- Wie bei linearen oder quadratischen Funktionen bewirken Parameter im Funktionsterm Veränderungen der Sinus- bzw. Kosinuskurve.
  - Addition oder Subtraktion von Zahlen zum Argument bzw. zum Funktionsterm bedeuten hierbei eine Verschiebung in x- bzw. y-Richtung, wobei die Periode gleich bleibt.
  - Durch Multiplikation mit Konstanten wird der Graph in x- oder y-Richtung gestaucht bzw. gestreckt, je nachdem, ob der Faktor dem Betrage nach größer oder kleiner als 1 ist.
  - Negative Faktoren bewirken zusätzliche Spiegelungen an der x- bzw. y-Achse. Bei Streckung bzw. Stauchung in x-Richtung ändert sich auch die Periodenlänge.

  Beispiel 1: Der Graph von $f(x) = \sin(x + 2);\ x \in \mathbb{R}$ entsteht aus der Sinuskurve durch Verschiebung um 2 in Richtung der x-Achse nach links. Dabei ändern sich Periodenlänge und Wertebereich nicht, der Graph ist allerdings nicht mehr symmetrisch zum Ursprung.

  Beispiel 2: Der Graph von $g(x) = \sin(x + 2) - 0{,}5$ entsteht aus der Sinuskurve durch Verschiebung in x-Richtung um 2 nach links und Verschiebung in Richtung der y-Achse um 0,5 nach unten. Die Periode ist wie die der Sinuskurve 2π, die x-Koordinaten der Extrempunkte sind im Vergleich zu denen der Sinuskurve um 2 kleiner, der Wertebereich der Funktion ist $[-1{,}5;\ 0{,}5]$.

  Beispiel 3: Der Graph von $h(x) = 2\cos x;\ x \in \mathbb{R}$ entsteht aus der Kosinuskurve durch Streckung in y-Richtung mit dem Faktor 2. Die Periode ist unverändert 2π, die zweiten Koordinaten der Extrempunkte sind jedoch doppelt so groß, was als Wertebereich $[-2;\ 2]$ bedeutet.

  Beispiel 4: Der Graph von $k(x) = \cos(3x)$ entsteht aus der Kosinuskurve durch Stauchung in x-Richtung mit Faktor $\frac{1}{3}$. Die Periode ist $\frac{2\pi}{3}$, der Schnittpunkt mit der y-Achse ist nach wie vor $(0\,|\,1)$.

- Werden derartige Änderungen kombiniert, so müssen Sie die Reihenfolge beachten, wenn das Argument mehr als einen Parameter enthält.

  Beispiel 5: Der Graph von $f(x) = -0{,}5\ \sin(2x + \pi);\ x \in \mathbb{R}$ entsteht aus der Sinuskurve durch Spiegelung an der x-Achse und anschließender Stauchung in y-Richtung mit Faktor 0,5. Da $2x + \pi = 2\left(x + \frac{\pi}{2}\right)$ ist, wird der Graph um $\frac{\pi}{2}$ nach links verschoben und anschließend mit dem Faktor 0,5 in x-Richtung gestaucht. Die Periode beträgt $\frac{2\pi}{2} = \pi$, der Wertebereich ist $[-0{,}5;\ 0{,}5]$.

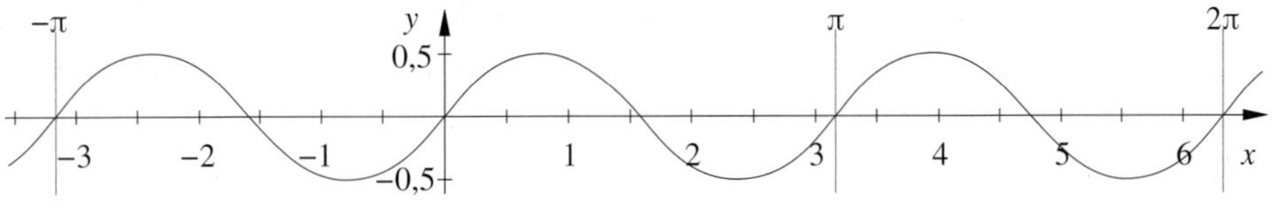

Beispiel für einen Test über den Halbjahresstoff der 10. Klasse

Beachten Sie, dass Sie keinen Taschenrechner verwenden dürfen!

Thema: Bogenlänge, Bogenmaß

1 Bei einem Fünfeck mit gleich langen Seiten liegen alle Ecken auf einem Kreis. Welches Bogenmaß beschreibt den Mittelpunktswinkel φ, den zwei diagonal gegenüberliegende Ecken mit dem Mittelpunkt bilden?

______________________________ **1P**

Thema: Elementare Kreisteile

2 Das Dreieck ABC in der Zeichnung ist auch gleichschenklig, ein Schenkel hat die Länge a.

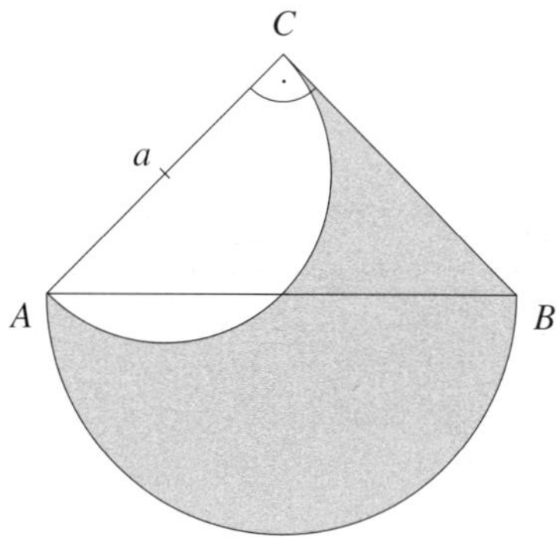

a) Begründen Sie, ob der Flächeninhalt der grau gekennzeichneten Figur größer oder kleiner als $\frac{1}{2}a^2$ ist.

____

____

______________________________ **1P**

b) Welcher Term gibt den Umfang der grau gekennzeichneten Fläche in Abhängigkeit von a an?

- ☐ $a + a\pi$
- ☐ $0{,}5\,a^2 + \frac{1}{8}a^2\pi$
- ☐ $a\,\pi(1{,}5 + \sqrt{2})$
- ☐ $a\left(1 + \frac{1}{2}\pi + \frac{1}{2}\sqrt{2}\,\pi\right)$

1P

Thema: Logarithmen

3 Welche der folgenden Gleichungen haben $x = \log_4 5$ als Lösung? Geben Sie erläuternde Überlegungen an.

- ☐ $3 \cdot 4^x = 15$
- ☐ $5^x = 4$
- ☐ $2^{2x} = 5$
- ☐ $2^x + 2^x = 5$
- ☐ $x^5 = 4$

______________________________ **2P**

Thema: Sinus und Kosinus am Einheitskreis

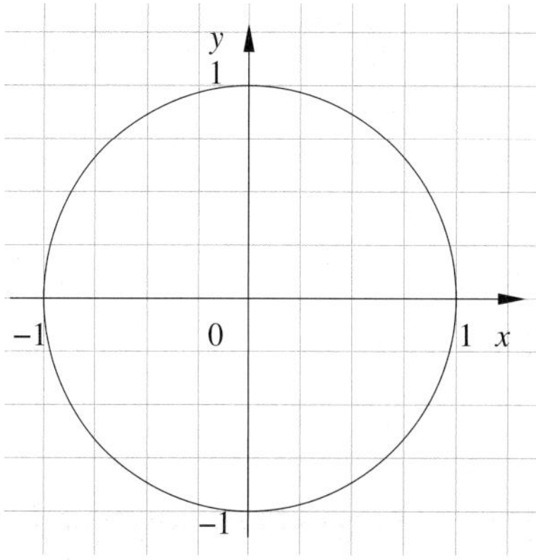

4 a) Ermitteln Sie mithilfe der Zeichnung alle Winkel im Intervall [0°; 360°[, deren Kosinuswert mit dem Sinuswert des Winkels $\alpha = 160°$ übereinstimmt.

____

______________________________ **2P**

b) Welcher Term hat denselben Wert wie $\sin \alpha$? **1P**

- ☐ $\sin(-\alpha)$
- ☐ $\sin(180° - \alpha)$
- ☐ $\cos(-\alpha)$
- ☐ $\cos(270° - \alpha)$

c) Begründen Sie, welches Vorzeichen der Wert des Terms $\frac{\sin 225° \cdot \cos \frac{\pi}{3}}{\cos 135° \cdot \sin \frac{2\pi}{3}}$ hat.

____

______________________________ **2P**

Thema: Trigonometrische Funktionen

5 a) Die Graphen der Funktionen $f(x) = \sin(x) + 2$ und $g(x) = \sin(x + 2)$ können aus der Sinuskurve erzeugt werden. Erläutern Sie den wesentlichen Unterschied.

____

______________________________ **1P**

b) Der Graph einer trigonometrischen Funktion entsteht aus der Sinuskurve durch Spiegelung an der x-Achse, Streckung in y-Richtung mit Faktor 0,4 und Verschiebung in Richtung der positiven x-Achse um $1{,}75\,\pi$. Geben Sie eine passende Funktionsgleichung an.

____

______________________________ **2P**

c) Wie entsteht der Graph der Funktion $g(x) = 0{,}5 \sin(0{,}5\,x)$ aus dem Graphen der Funktion in Teilaufgabe b)?

____

____

______________________________ **2P**

Thema: Exponentialfunktionen

6 Im Diagramm ist die zeitliche Abhängigkeit der Anzahl N radioaktiver Atome eines Präparats dargestellt.

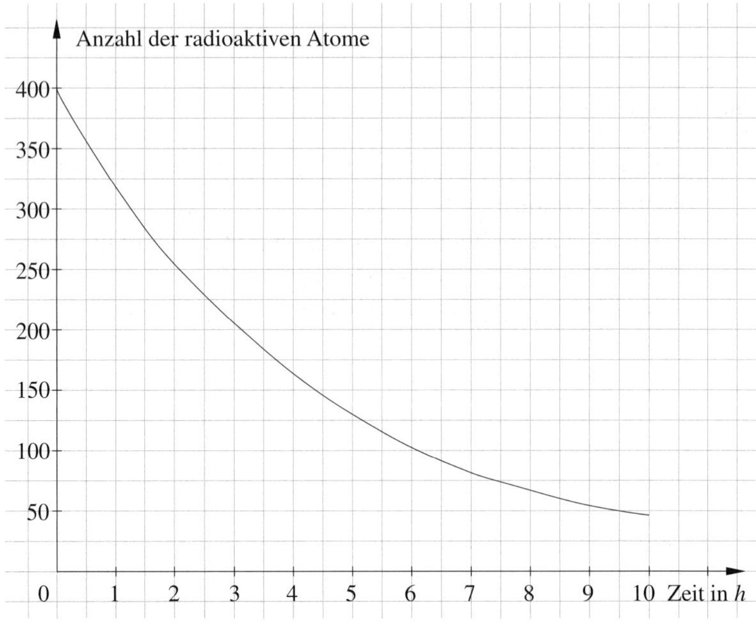

a) Lesen Sie aus dem Diagramm die Zeit ab, zu der nur noch 25 % der anfangs vorhandenen Atome existieren.

____________________ **1P**

b) Der angegebene Graph wird durch eine Gleichung der Form $y = a \cdot b^t$ beschrieben.
Welchen Wert hat a? Aus welchem Zahlenbereich stammt b?

____

____________________ **2P**

Thema: Wachstumsprozesse

7 In den Jahren 1991 bis 1999 konnte die steigende Anzahl N der Mobilfunkverträge annähernd durch eine Funktion mit der Gleichung $N(x) = a \cdot 1{,}6^x$ beschrieben werden. Dabei ist $N(x)$ die Anzahl der Verträge in Millionen, x bedeutet die seit 1991 vergangene Zeit in Jahren.

a) Um wie viel Prozent stieg nach diesem Modell die Anzahl der Verträge pro Jahr?

____________________ **1P**

b) Ermitteln Sie a, wenn 1993 etwa 1,28 Millionen Verträge gezählt wurden.

____

____________________ **2P**

 Arbeitszeit: 40 Minuten

Note	1	2	3	4	5	6
Punkte	21–16	15–13	12–10	9–7	6–4	3–0

Beispiel A für eine zweite Schulaufgabe, Teil I

Thema: Exponentielles Wachstum

1 Eine Bakterienkultur, die zu Beginn des Beobachtungszeitraums etwa 500 Individuen zählt, nimmt in einer Stunde um 25 % zu.

a) Geben Sie eine Gleichung an, die das Wachstum der Population beschreibt und erklären Sie die Bedeutung der verwendeten Variablen.
Um wie viel Prozent ist die Zahl der Individuen innerhalb von 9 Stunden angewachsen?

b) Ermitteln Sie anhand geeigneter Graphen, wie groß die Wachstumsrate bei linearer Zunahme sein müsste, damit nach 9 Stunden gleiche Individuenzahl vorhanden ist.

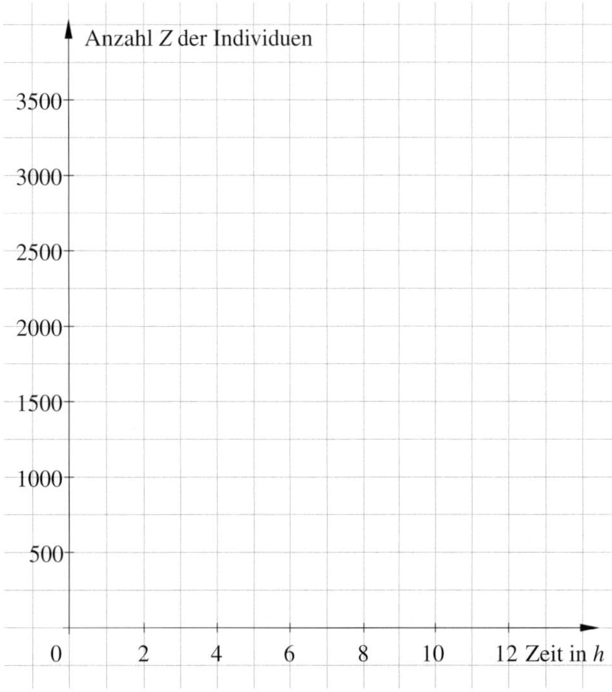

Thema: Zerfallsprozesse

2 Ein radioaktiver Stoff zerfällt mit einer Halbwertszeit von 2,5 Tagen.

a) Zeichnen Sie mithilfe von vier charakteristischen Punkten den zugehörigen Graphen.

b) Finden Sie mithilfe der Zeichnung aus a) heraus, wie lange es dauert, bis 40 % der ursprünglich vorhandenen Teilchen zerfallen sind. Machen Sie Ihre Überlegungen deutlich.

3 Beschriften Sie die Graphen mit den passenden Funktionstermen. Erläutern Sie Ihre Überlegungen.

$f(x) = -2^x$

$g(x) = 2^{1-x}$

$h(x) = \left(\frac{1}{2}\right)^{-x}$

$j(x) = 0{,}5^x$

$k(x) = 2 \cdot 0{,}5^x$

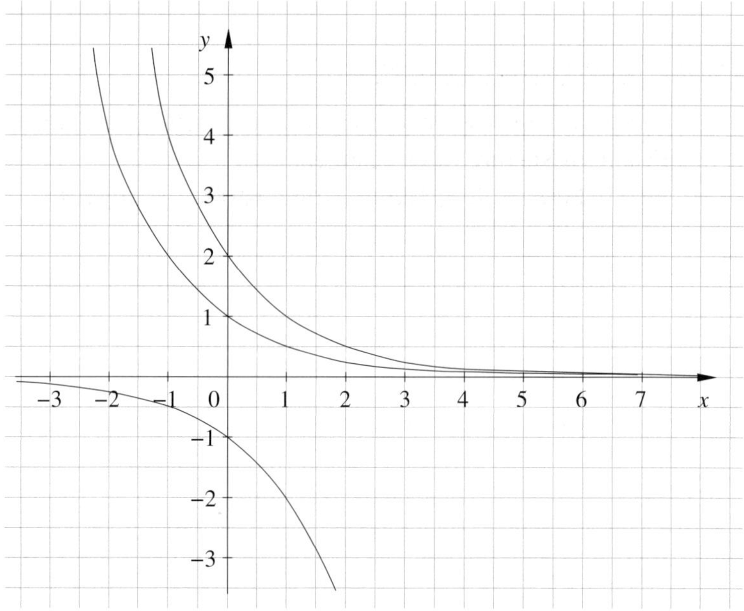

4 a) Erklären Sie, was man unter $\log_2 5$ versteht.

b) Beurteilen Sie ***ohne Taschenrechner*** die Richtigkeit der folgenden Aussagen:

$\log_3 0{,}5 > 1$

$\log_{32} 0{,}5 = -0{,}2$

Beispiel A für eine zweite Schulaufgabe, Teil II

Thema: Rechnen mit Logarithmen

1 a) Ordnen Sie die folgenden Logarithmen ohne Verwendung des Taschenrechners der Größe nach. Erläutern Sie Ihre Überlegungen.

$\log_4 10\,000 \qquad \log_5 125 \qquad \log_{10} 10\,000 \qquad \log_{0,5} 8$

b) Fassen Sie zu einem einzigen Logarithmus zusammen. Das Ergebnis soll keinen Bruchstrich enthalten.

$2 \log_5 a - \log_5 (2a) + \log_5 \frac{2}{a} - \log_5 (4a^2)$

c) Geben Sie die Definitionsmenge der folgenden Gleichung an und bestimmen Sie die Lösungsmenge (Probe!).

$\log_7 (x-2) + \log_7 (x+2) = 1$

Thema: Exponentialgleichungen

2 Ein radioaktives Präparat enthält zu Beginn des Beobachtungszeitraums 100 aktive Kerne, die unter Abgabe radioaktiver Strahlung zu unaktiven Tochterkernen zerfallen. Es zerfallen in jeder Sekunde 1,5 % der aktiven Kerne.
Wie lange dauert es, bis die Hälfte der ursprünglich aktiven Kerne zerfallen ist?

Thema: Bedingte Wahrscheinlichkeiten

3 Durch Werfen eines Oktaeders, beschriftet mit den Ziffern 1, 2, 3, 4, 5, 6, 7 und 8, wollen Horst und Katharina auslosen, wer Küchendienst machen muss. Katharina setzt auf das Ereignis „ungerade Zahl", Horst auf „gerade Zahl". Das Oktaeder wird einmal geworfen, rollt aber leider unter das Bett. Der kleine Bruder kriecht darunter, will jedoch die oben liegende Ziffer nicht verraten. Er sagt nur, dass sie mit lauter geraden Strichen geschrieben werden kann.
Wer von den beiden hat mit dieser Zusatzinformation die größeren Gewinnchancen? Begründen Sie Ihre Antwort und geben Sie die Gewinnwahrscheinlichkeit für Horst an. Dokumentieren Sie alle Überlegungen.

Thema: Rechnen mit bedingten Wahrscheinlichkeiten

4 Am Ausgang eines Kaufhauses wird Alarm (A) gegeben, wenn Ware mitgenommen wird, bei der die Diebstahlssicherung noch nicht entfernt wurde. Auch bei ehrlichen Kunden, die die Ware bereits bezahlt haben, kann das passieren, weil übersehen wurde, diese Sicherung an der Kasse zu lösen. Wenn ein ehrlicher Kunde den Laden verlässt, geht die Alarmanlage erfahrungsgemäß in 0,1 % aller Fälle los. Geht ein Dieb mit gestohlener Ware aus dem Kaufhaus, so wird mit 98 % Wahrscheinlichkeit der Alarm ausgelöst. Der Anteil der Diebe (D) unter allen Warenhausbesuchern beträgt erfahrungsgemäß 1 %.

a) Berechnen Sie, wie wahrscheinlich es ist, dass die Alarmanlage während der Öffnungszeiten des Kaufhauses anspricht.

b) Bei Hans wurde Alarm ausgelöst. Wie wahrscheinlich ist es, dass er unbezahlte Ware dabei hat?

Beispiel B für eine zweite Schulaufgabe

2

Thema: Wachstum und Zerfall

1 Der Baumbestand eines Waldes, der anfangs eine Fläche von $40\,\text{km}^2$ bedeckte, schrumpfte nach Borkenkäferbefall jährlich um 5 %.

a) Berechnen Sie die Größe der Waldfläche nach einem, nach zwei bzw. nach 25 Jahren, wenn sich an den äußeren Bedingungen nichts ändert.

b) Berechnen Sie näherungsweise die Halbwertszeit T des „Baumsterbens" und geben Sie den Funktionsterm, der den Zusammenhang zwischen Flächeninhalt und Zeit beschreibt, in der Form $f(t) = k \cdot a^{l \cdot \frac{t}{T}}$ an.

Thema: Rechnen mit Logarithmen

2 a) Formulieren Sie eine Rechenregel für Logarithmen.

b) Fassen Sie zu einem einzigen Logarithmus zusammen und vereinfachen Sie so weit wie möglich. Welche Voraussetzungen sind für die einzelnen Umformungen notwendig?
$\log_c (ab) - 3 \log_c (\sqrt{a} \cdot b) + 2 \log_c b^2$

c) Hans behauptet, dass $\log\left(16 + \frac{16}{15}\right) = \log 16 + \log \frac{16}{15}$ ist. Zeigen Sie, dass seine Behauptung stimmt. Geben Sie einen weiteren Term an, für den dieses merkwürdige Rechenverfahren richtig ist.

Thema: Exponentialgleichungen

3 a) Lösen Sie die Gleichung $2^x = 4 \cdot 5^x$. (Taschenrechner erlaubt!)

b) Um die Gleichung $25^x + 3 \cdot 5^x - 4 = 0$ zu lösen, hat Amelie anstelle von 5^x die Variable u verwendet.
Geben Sie die Gleichung an, die Amelie so erhält, und ermitteln Sie deren Lösungsmenge.
Welche Lösungen hat die ursprüngliche Gleichung?

Thema: Bedingte Wahrscheinlichkeiten

4 Das Fleisch von Rindern, die an BSE erkrankt sind (K), darf nicht in den Nahrungskreislauf gelangen. Deshalb werden geschlachtete Rinder mit einem Schnelltest untersucht. Eine vorhandene Infektion wird dabei mit 98,5% Wahrscheinlichkeit auch diagnostiziert. Das Fleisch gesunder Rinder wird bei diesem Test zu 99,9% als unbedenklich erkannt. Wenn der Test eine Erkrankung anzeigt, nennt man das Ergebnis „positiv" (T+).

a) Beschreiben Sie $P_{T+}(\overline{K})$ und $P(T-)$ in Worten und erstellen Sie eine vollständig ausgefüllte Vierfeldertafel, wenn nur eines von 1000 Rindern tatsächlich krank ist.

b) Berechnen Sie die Wahrscheinlichkeit dafür, dass ein positiv getestetes Rind infiziert ist.

Beispiel C für eine zweite Schulaufgabe

Thema: Wachstum und Zerfall

1 Ein radioaktives Präparat weist eine Halbwertszeit von etwa 5 Tagen auf.

a) Ermitteln Sie graphisch, wie lange es ungefähr dauert, bis 70 % der ursprünglich vorhandenen Teilchen zerfallen sind.

b) Erstellen Sie eine Funktionsvorschrift des Vorgangs und überprüfen Sie damit Ihr Ergebnis aus Teilaufgabe a), wenn anfangs 10^4 Teilchen vorhanden sind.

c) Wächst die Anzahl der nicht mehr radioaktiven Teilchen exponentiell? Begründen Sie Ihre Antwort.

Thema: Exponentialgleichungen

2 a) Beschreiben Sie eine Strategie, mit der Sie die Lösung der Gleichung $0{,}2^x \cdot 5^{2x} = 2 \cdot 3^x$ finden können.

b) Ermitteln Sie graphisch einen Näherungswert für die Lösung der Gleichung $2^x = 3^x - 2$. Weshalb versagt die von Ihnen in Teilaufgabe a) beschriebene Strategie zur Berechnung?

Thema: Rechnen mit Logarithmen

3 a) Für eine bestimmte Basis a zeigte der Taschenrechner -3 als Wert des Terms

$$\log_{\frac{1}{3}} 12 - \log_a 8 + \log_{\frac{1}{3}} 3 + 2 \log_a 2 - \log_{\frac{1}{3}} 4 .$$

Ermitteln Sie a ohne Taschenrechner. Machen Sie Ihre Überlegungen deutlich.

b) In einem alten Schulbuch findet sich die Merkregel „Potenz wird Produkt". Erläutern Sie, was damit gemeint ist.

c) Berechnen Sie die beiden Logarithmen ohne Taschenrechner. Vergleichen Sie die Ergebnisse und treffen Sie eine allgemeine Aussage.

$\log_5 \frac{1}{125}$ $\qquad$ $\log_{0,2} \frac{1}{125}$

Thema: Bedingte Wahrscheinlichkeiten

4 Immer wieder stehen Sinn und Nutzen so genannter Screenings (Reihenvorsorgeuntersuchungen) auf dem Prüfstand. Nehmen Sie z. B. an, dass 8 von 1000 Frauen einer Altersklasse tatsächlich an Brustkrebs erkrankt sind (man spricht von Prävalenz 0,8 %). Bei einem Screening soll die Sensitivität des Tests 90 % betragen, d. h. wenn eine Krebserkrankung vorliegt, wird sie mit 90 %iger Wahrscheinlichkeit auch richtig diagnostiziert. Die Spezifität dieses Tests (Frauen mit richtig negativem Befund) beträgt 94 %.

a) Wie viele von 1000 untersuchten Frauen werden bei diesem Test als krebskrank diagnostiziert?

b) Wie wahrscheinlich ist es, dass eine positiv getestete Frau tatsächlich *nicht* erkrankt ist?

c) Ermitteln Sie, wie viel Prozent der Frauen einen richtigen Befund erhalten haben, und nennen Sie menschliche Konsequenzen aus diesem und dem Ergebnis von Teilaufgabe b).

Arbeitszeit: 45 Minuten *Wertung:* 4|5|2 3|6 5|2|5 5|3|5

Das hätten Sie wissen müssen

Thema: Wachstum und Zerfall

Wachstums- oder Zerfallsvorgänge lassen sich durch Funktionen beschreiben. Insbesondere unterscheidet man zwischen linearem und exponentiellem Wachstum bzw. Zerfall:

- Nimmt bei Erhöhung der einen Größe x um 1 die zugeordnete Größe y stets um denselben Wert zu bzw. ab, so spricht man von **linearem Wachstum** bzw. **linearer Abnahme**. Dabei lässt sich der Zusammenhang zwischen x und y durch die Gleichung $y = ax + c$ ($a, c \in \mathbb{R}$; $a \neq 1$) mit Anfangswert c beschreiben. Der Parameter a beschreibt für $a > 0$ den konstanten Zuwachs bzw. für $a < 0$ die konstante Abnahme. Graph der zugehörigen Funktion ist eine Gerade, die für lineares Wachstum steigt, für lineare Abnahme fällt.

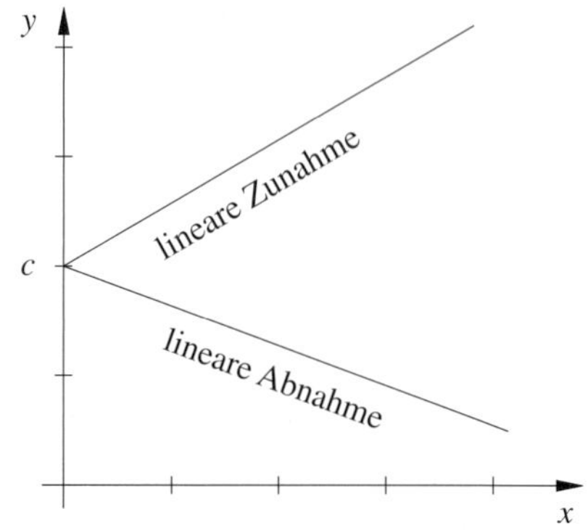

- Nimmt bei Erhöhung der Größe x um 1 die zugeordnete Größe y stets um denselben Faktor a zu, so spricht man von **exponentiellem Wachstum**. Den Zusammenhang zwischen x und y beschreibt die Gleichung $y = c \cdot a^x$; $a, c \in \mathbb{R}^+$, $a \neq 1$. Auch hier bedeutet c den Anfangswert, a wird als konstanter Wachstumsfaktor bezeichnet.

  Beispiel: Ein 0,1 mm dickes Blatt Papier müsste 42-mal gefaltet werden, damit der daraus entstandene Stapel von der Erde bis zum Mond (384 000 km) reicht. Bedeutet nämlich n die Anzahl der Faltungen, so beschreibt $d(n) = 0{,}1 \cdot 2^n$ die Dicke des Papierstapels in Millimeter nach n Faltungen. Anfangswert ist 0,1, der konstante Wachstumsfaktor ist 2, da der Stapel nach jedem Falten doppelt so dick ist. Nach 10-mal Falten ist er 1,024 m dick, nach 30-maligem Falten etwa 107 km. Könnte man wirklich 42-mal falten, so wäre der Stapel mit $4{,}4 \cdot 10^{11}$ mm $= 4{,}4 \cdot 10^5$ km dicker als 384 000 km.

- Nimmt bei Erhöhung der Größe x um 1 die zugeordnete Größe y stets um denselben Faktor a ab, so spricht man von **exponentiellem Zerfall**. Die zugehörige Gleichung ist wiederum $y = c \cdot a^x$; $a, c \in \mathbb{R}^+$, $a \neq 1$, allerdings ist jetzt $0 < a < 1$, was negatives Wachstum bzw. Zerfall bedeutet. In diesem Fall bezeichnet man die Zeit, während der sich der ursprünglich vorhandene Bestand halbiert, als **Halbwertszeit *T***. Ist T bekannt, lässt sich der zugehörige Graph schnell zeichnen und man kann aus ihm weitere Wertepaare ablesen.

  Beispiel: Beträgt die Halbwertszeit eines Stoffes 2,5 Stunden, so sind von ursprünglich 100 % nach 2,5 h noch 50 %, nach 5 h 25 %, nach 7,5 h noch 12,5 % und nach 10 h nur noch 6,25 % des Anfangsbestandes vorhanden. Aus dem mit diesen Wertepaaren gezeichneten Graphen kann man dann z. B. die Zeit ablesen, nach der der Bestand 60 % beträgt (siehe nächste Seite).

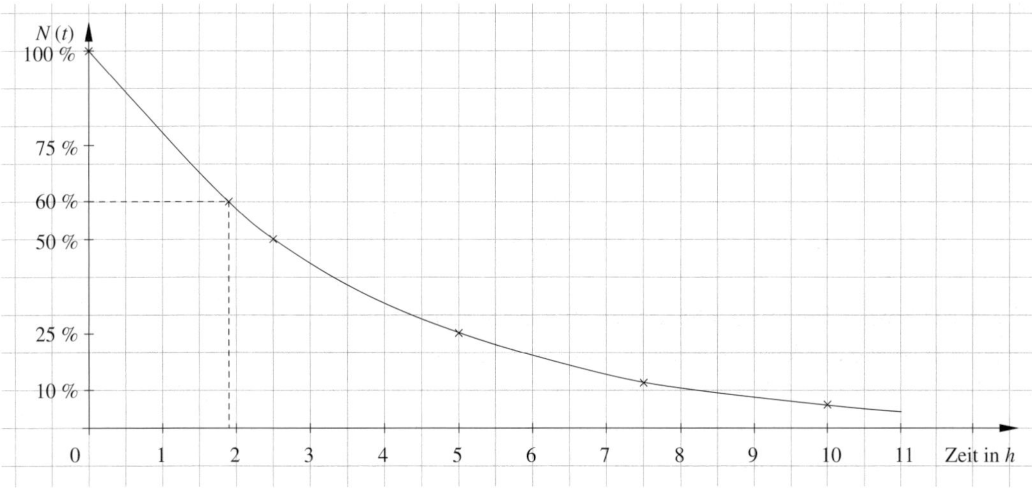

Mit $f(t) = c \cdot a^t$ kann der zugehörige Funktionsterm z. B. durch Einsetzen von T aus $0{,}5 = a^{2,5}$, d. h. $a = (0{,}25)^{\frac{1}{5}} \approx 0{,}76$ zu $f(t) \approx c \cdot 0{,}76^t$ ermittelt werden. Ein dazu äquivalenter Term ist $f(t) = \left(\frac{1}{2}\right)^{\frac{t}{T}}$.

Thema: Exponentialfunktionen

Eine Funktion $f(x) = a^x$, $D = \mathbb{R}$, $a \in \mathbb{R}^+ \setminus \{1\}$ heißt **Exponentialfunktion** mit der Basis a. Eine Funktion $g(x) = c \cdot f(x)$, $D = \mathbb{R}$, $c \neq 0$ bezeichnet man als **allgemeine Exponentialfunktion**. Der Graph von f, den man auch Exponentialkurve nennt, verläuft stets oberhalb der x-Achse und besitzt diese als waagrechte Asymptote. Alle Exponentialkurven verlaufen durch den Punkt $(0\,|\,1)$. Sie steigen streng monoton, falls $a > 1$ ist; für $0 < a < 1$ fallen sie. Insbesondere entsteht der Graph von $y = \left(\frac{1}{a}\right)^x$ aus dem Graphen von $y = a^x$ durch Spiegelung an der y-Achse.

Beispiel: Wie lautet die Gleichung einer Exponentialfunktion, deren Graph den Punkt $P(2\,|\,3)$ enthält?
Lösung: $f(x) = a^x$ mit $3 = a^2$ liefert (da a positiv ist) $a = \sqrt{3}$. Die gesuchte Exponentialfunktion lautet $f(x) = \sqrt{3}^x$. Ihr Graph steigt streng monoton, verläuft außerdem durch $(0\,|\,1)$ und hat die negative x-Achse als Asymptote. Auch die Graphen der allgemeinen Exponentialfunktionen $g(x) = \frac{3}{4} \cdot 2^x$, $x \in \mathbb{R}$ bzw. $h(x) = 12 \cdot \left(\frac{1}{2}\right)^x$, $x \in \mathbb{R}$ verlaufen durch $P(2\,|\,3)$.

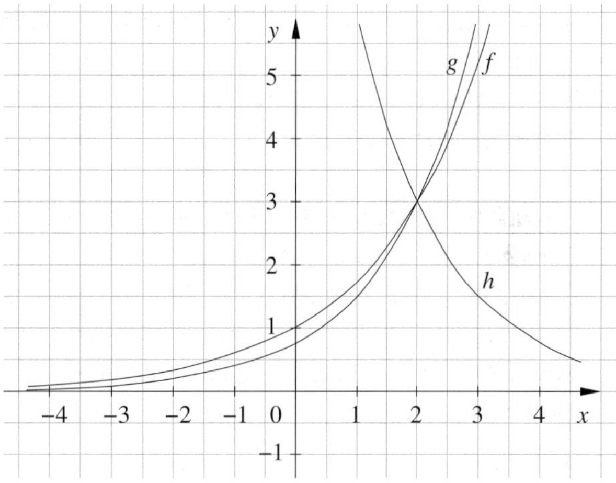

Thema: Der Logarithmus

- Für $a, b \in \mathbb{R}^+$ und $a \neq 1$ ist der **Logarithmus von *b* zur Basis *a*** diejenige Zahl x, mit der man a potenzieren muss, um b zu erhalten. Man verwendet für diese Zahl die Schreibweise $x = \log_a b$. Logarithmieren ist also nichts anderes als die Suche nach einem Exponenten bzw. nach der Lösung der Gleichung $b = a^x$, die aufgrund der Monotonie der Exponentialfunktionen eindeutig bestimmt ist. Um den Logarithmus zu ermitteln, kann deshalb auch die zugehörige Exponentialgleichung gelöst werden.

  Beispiel: $\log_5 \frac{1}{625}$ ist die Zahl, mit der man 5 potenzieren muss, um $\frac{1}{625}$ zu erhalten. Löst man die Gleichung $\frac{1}{625} = 5^x$, indem man beide Seiten auf dieselbe Basis bringt, ergibt sich $5^{-4} = 5^x$. Aufgrund der Monotonie von $f(x) = 5^x$ besitzt diese Gleichung nur die eine Lösung $x = -4$. Also ist $\log_5 \frac{1}{625} = -4$.

- Aufgrund der Definition von $\log_a b$ gilt:
  $\log_a a = 1$ $\quad \log_a 1 = 0$ $\quad \log_a\left(\frac{1}{a}\right) = -1$ und $\quad \log_a a^c = c$

- Weitere Rechenregeln:
  - Der Logarithmus eines Produkts kann als Summe der Logarithmen der einzelnen Faktoren ermittelt werden: $\log_a (b \cdot c \cdot d) = \log_a b + \log_a c + \log_a d$ für $b, c, d > 0$
  - Der Logarithmus eines Quotienten kann als Differenz der Logarithmen von Dividend und Divisor ermittelt werden: $\log_a\left(\frac{b}{c}\right) = \log_a b - \log_a c$ für $b, c > 0$
  - Der Logarithmus einer Potenz kann als Produkt aus Exponent und Logarithmus der Basis ermittelt werden: $\log_a (b^c) = c \cdot \log_a b$ für $b > 0$
  - Mithilfe dieser Rechenregeln kann man Logarithmen zu beliebigen Basen mit dem Taschenrechner bestimmen, auch wenn dieser keine spezielle Taste dafür besitzt. Verwenden Sie dann z. B. die Umformungsregel $\log_a b = \frac{\log_{10} b}{\log_{10} a}$ für $a, b > 0$.

Thema: Exponentialgleichungen

Gleichungen, bei denen die Unbekannte im Exponenten auftritt, heißen Exponentialgleichungen. Zum Lösen dieser Gleichungen gibt es unterschiedliche Strategien:

- Kann die Gleichung in die Form $a^x = b$ gebracht werden, dann ist $x = \log_a b$.

- Gleichungen wie $c \cdot a^x = d \cdot b^x$ $(a, b > 0;\ c, d \neq 0)$können durch Äquivalenzumformungen auf die Form $\left(\frac{a}{b}\right)^x = \frac{d}{c}$ gebracht werden und dann durch Logarithmieren gelöst werden.

  Beispiel: $5 \cdot 3^x = 8 \cdot 2^{x+3}$ kann zunächst mithilfe der Rechenregeln für Potenzen so umgeformt werden, dass im Exponenten nur noch x steht: $5 \cdot 3^x = 8 \cdot 2^3 \cdot 2^x$.
  Nach Äquivalenzumformungen erhält man $\left(\frac{3}{2}\right)^x = \frac{64}{5}$ und daraus $x = \log_{\frac{3}{8}}\left(\frac{64}{5}\right)$.
  Alternativ liefert Logarithmieren beider Seiten der Gleichung $x \cdot \log_{10} 1{,}5 = \log_{10} 12{,}8$.
  Mit dem Taschenrechner findet man in beiden Fällen als Näherungslösung $x \approx 6{,}288$.
  Setzt man diesen genäherten Wert in die erste obige Gleichung ein, so erhält man als Probe:
  linke Seite = 5001,594… ≈ 5000,996… = rechte Seite

- Lassen sich Gleichungen so umformen, dass auf beiden Seiten ein Produkt aus Zahlen und Potenzen steht, so kann auch durch sofortiges Logarithmieren und Anwenden von Rechenregeln für Logarithmen eine einfache lineare Gleichung erzeugt werden.

  Beispiel: $5 \cdot 2^{2x+4} = 2 \cdot 3^{x-5} \quad | \log_{10}(\ldots)$

  $$\log_{10} 5 + (2x + 4) \log_{10} 2 = \log_{10} 2 + (x - 5) \log_{10} 3$$

  Ausmultiplizieren und anschließendes Ordnen liefert:

  $$\log_{10} 5 + 2x \log_{10} 2 + 4 \log_{10} 2 = \log_{10} 2 + x \log_{10} 3 - 5 \log_{10} 3$$
  $$2x \log_{10} 2 - x \log_{10} 3 = \log_{10} 2 - \log_{10} 5 - 5 \log_{10} 3 - 4 \log_{10} 2$$
  $$2x \log_{10} 2 - x \log_{10} 3 = \log_{10}\left(\frac{2}{5 \cdot 3^5 \cdot 2^4}\right)$$

  Nach Ausklammern von x ergibt sich:

  $$x (\log_{10} 2 - \log_{10} 3) = \log_{10}\left(\frac{2}{5 \cdot 3^5 \cdot 2^4}\right) \quad \text{bzw.} \quad x = \frac{\log_{10} \frac{1}{9720}}{2 \log_{10} 2 - \log_{10} 3} \approx -32$$

  Probe: linke Seite $\quad 5 \cdot 2^{-64+4} = 5 \cdot \frac{1}{2^{60}} = 4{,}338\ldots \cdot 10^{-18}$

  rechte Seite $\quad 2 \cdot 3^{-32-5} = 2 \cdot \frac{1}{3^{37}} = 4{,}441\ldots \cdot 10^{-18}$

- Gleichungen können näherungsweise durch systematisches Einsetzen, aber auch graphisch gelöst werden. Dazu müssen passende Exponentialkurven gezeichnet werden.

  Beispiel: Lösen Sie die Gleichung $2^x = 0{,}5^x - 3$ graphisch.
  Lösung: Der Graph von $g(x) = 0{,}5^x - 3$ entsteht aus dem Graphen von $f(x) = 2^x$ durch Spiegelung an der y-Achse und anschließender Verschiebung um 3 nach unten in y-Richtung. Da beide Graphen streng monoton sind, kann es nur einen Schnittpunkt geben. Dessen erste Koordinate ist die Lösung der Gleichung. Die Zeichnung zeigt $x \approx -1{,}7$. Verwendet man einen Funktionsplotter (wie z. B. Geogebra), so kann man die Koordinaten des Schnittpunkts der beiden Graphen anzeigen lassen. Hier erhält man $x \approx -1{,}72$. Eine rechnerische Lösung der Gleichung ist nicht möglich, da die rechte Seite eine Differenz darstellt.

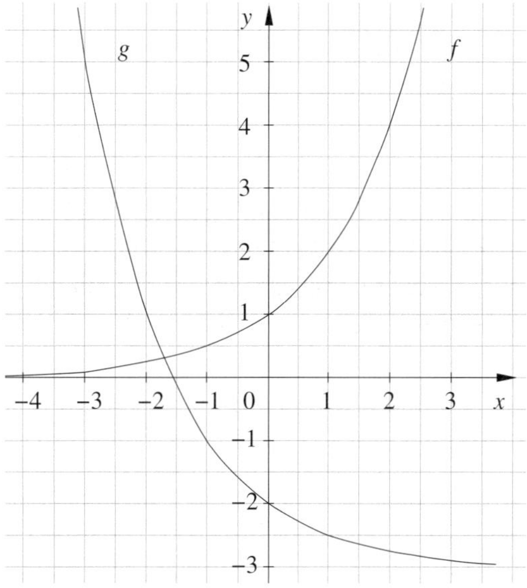

Thema: Bedingte Wahrscheinlichkeit

- Werden bei einem Zufallsexperiment zwei Ereignisse A und B betrachtet, so sind zwei Situationen zu unterscheiden:
  - ➢ Beide Ereignisse können gleichzeitig (zugleich) eintreten, was als Ereignis ***A und B*** bezeichnet wird. Man schreibt kurz $A \cap B$.
  - ➢ Zusatzinformationen können die Wahrscheinlichkeit eines Ereignisses verändern. Wenn man bereits weiß, dass das Ereignis A eingetreten ist, so wird die Wahrscheinlichkeit dafür, dass B jetzt eintritt, als **bedingte Wahrscheinlichkeit** von B unter der Bedingung A bezeichnet.
    Man schreibt dafür $P_A(B)$ und kann diese Wahrscheinlichkeit für $P(A) \neq 0$ folgendermaßen berechnen: $P_A(B) = \frac{P(A \cap B)}{P(A)}$.

  Beispiel: Eine Urne enthält 5 rote und 3 blaue, sonst nicht unterscheidbare Kugeln, die mit den Ziffern 1, 2, 3, 4, 5 bzw. 6, 7, 8 beschriftet sind. Man zieht eine Kugel aus der Urne und betrachtet die Ereignisse A: „Die Kugel ist rot“,
  B: „Die gezogene Ziffer ist eine Primzahl“ bzw.
  C: „Die Kugel ist blau“.
  Das Ereignis $A \cap B$ ist in diesem Fall „Die gezogene Kugel ist rot und mit einer Primzahl beschriftet“, was als Menge angegeben werden kann: $A \cap B = \{2, 3, 5\}$. Für die Wahrscheinlichkeit der Ereignisse gilt $P(A) = \frac{5}{8}$, $P(B) = \frac{4}{8} = \frac{1}{2}$ und $P(A \cap B) = \frac{3}{8}$, da es sich um ein Laplace-Experiment handelt.
  Ein Zuschauer hat beim Ziehen lediglich die rote Farbe der Kugel gesehen. Wie groß ist mit dieser Zusatzinformation die Wahrscheinlichkeit des Ereignisses B?
  Lösung: Von den 5 roten Kugeln sind 3 mit Primzahlen beschriftet. Die Wahrscheinlichkeit dafür, dass jetzt eine Primzahl gezogen wurde, ist also $\frac{3}{5}$. Das Ergebnis wird bestätigt, wenn man die Formel zur Berechnung der bedingten Wahrscheinlichkeit verwendet:

  $$P_A(B) = P_{\text{rote Kugel}}(\text{„Primzahl“}) = \frac{P(\text{„Primzahl auf roter Kugel“})}{P(\text{„rote Kugel“})} = \frac{3}{8} : \frac{5}{8} = \frac{3}{5}$$

  Die Wahrscheinlichkeit für das Ereignis B: „Primzahl“ ist mit dieser Zusatzinformation größer geworden. Ebenso leicht kann man prüfen, dass die Wahrscheinlichkeit für das Ereignis B kleiner wird, wenn die Farbe der gezogenen Kugel blau ist:

  $$P_C(B) = \frac{P(\text{„Primzahl auf blauer Kugel“})}{P(\text{„blaue Kugel“})} = \frac{1}{8} : \frac{3}{8} = \frac{1}{3}.$$

- Bedingte Wahrscheinlichkeiten finden sich aufgrund der ersten Pfadregel (Multiplikationsformel) am Baumdiagramm wieder. So kann die Situation in obigem Beispiel durch

ein Baumdiagramm oder eine Vierfeldertafel erfasst werden:

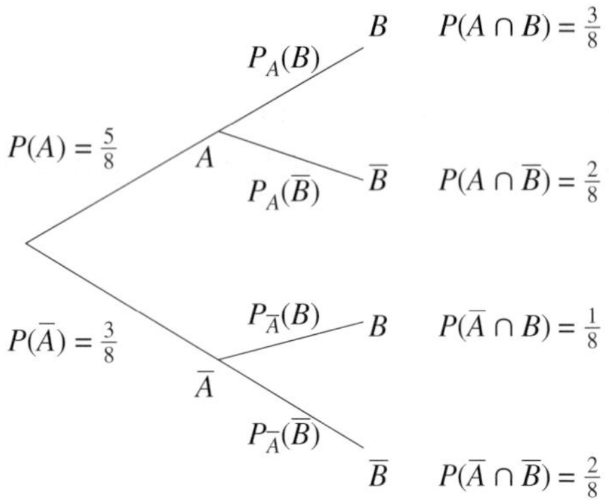

	A	$\overline{A}$	
B	$P(A \cap B) = \frac{3}{8}$	$P(\overline{A} \cap B) = \frac{1}{8}$	0,5
$\overline{B}$	$P(A \cap \overline{B}) = \frac{2}{8}$	$P(\overline{A} \cap \overline{B}) = \frac{2}{8}$	0,5
	$\frac{5}{8}$	$\frac{3}{8}$	1

Sowohl am Baumdiagramm als auch mit der Vierfeldertafel erhält man $P_A(B) = \frac{3}{8} : \frac{5}{8} = 0{,}6$.

- Beispielsweise bei Folgerungen aus Testergebnissen medizinischer Untersuchungen kommt es häufig zu Fehleinschätzungen, insbesondere dann, wenn die Wahrscheinlichkeit eines Ereignisses sehr klein ist. Die notwendigen Berechnungen können mit Baumdiagramm, Vierfeldertafel oder durch Übersetzen der relativen Häufigkeiten in absolute Häufigkeiten gesichert werden.

Beispiel: Angenommen, die Häufigkeit für Brustkrebs unter Frauen einer bestimmten Altersgruppe beträgt 2,5 %. Wenn eine Frau erkrankt ist, zeigt dies ein Test zu 98 % richtig an. Allerdings liefert er auch in 15 % der Fälle ein positives Ergebnis, in denen die untersuchte Frau gesund ist. Nun hat eine Frau ein positives Testergebnis erhalten.
Wie sicher ist es, dass sie tatsächlich an Brustkrebs erkrankt ist?

Lösung: mit Wahrscheinlichkeiten
2,5 % der betrachteten Frauen haben Brustkrebs, in diesem Fall ist der Test zu 98 % positiv.

In 15 % aller Fälle ergibt der Test auch bei einer gesunden Frau ein positives Ergebnis. Also beträgt die Wahrscheinlichkeit einer tatsächlichen Erkrankung nach einen positiven Test $P_{TK}(K) = \frac{0{,}025 \cdot 0{,}98}{0{,}025 \cdot 0{,}98 + 0{,}15 \cdot 0{,}975} \approx 14\,\%$.

mit absoluten Häufigkeiten
250 von 10 000 Frauen dieser Altersgruppe haben Brustkrebs. 98 % von ihnen, also 245 Frauen werden als krank erkannt.
Aber auch 15 % der 9750 gesunden Frauen, das sind etwa 1463, werden vom Test als krank diagnostiziert.
Insgesamt haben also 1708 Frauen ein positives Ergebnis, 245 davon haben Krebs.
Damit sind etwa $\frac{245}{1708} \approx 14\,\%$ der positiv getesteten Frauen wirklich an Brustkrebs erkrankt.

mit Vierfeldertafel:

	K	$\overline{K}$	
TK	$P(K \cap TK) = 0{,}025 \cdot 0{,}98$	$0{,}975 \cdot 0{,}15$	0,17075
$\overline{TK}$	$0{,}025 \cdot 0{,}02$	$P(\overline{K} \cap \overline{TK}) = 0{,}975 \cdot 0{,}85$	0,82925
	2,5 %	97,5 %	1

Auch aus der Vierfeldertafel ergibt sich:
$P_{TK}(K) = (0{,}025 \cdot 0{,}98) : 0{,}17015 \approx 14\,\%$.

Beispiel A für eine dritte Schulaufgabe, Teil I

*Thema: Näherungsweise Berechnung von π**

1 Einem Kreis mit Radius r ist ein Quadrat mit maximalem Flächeninhalt einbeschrieben.

a) Ermitteln Sie Terme für Umfangslänge und Flächeninhalt des Quadrats und bestimmen Sie damit einen möglichst guten Näherungswert für π.

b) Zeichnen Sie in den Kreis ein regelmäßiges Achteck, das vier Ecken mit dem Quadrat aus a) gemeinsam hat, und zeigen Sie, dass die Seitenlänge dieses Achtecks $\frac{\sqrt{2}}{2\sin 67{,}5°} \cdot r$ misst.
Berechnen Sie damit erneut einen Näherungswert für π.

Thema: Kugel

2 Ein Würfel mit Kantenlänge s und eine Kugel mit Radius r besitzen gleiches Volumen.

a) Ermitteln Sie einen Term für die Kantenlänge s in Abhängigkeit vom Kugelradius r.

b) Vergleichen Sie die Oberflächeninhalte der beiden Körper (Angabe z. B. in Prozent).

c) Ergänzen Sie folgenden Satz richtig und begründen Sie Ihre Antwort, ohne neu zu rechnen:
„Besitzen ein Würfel mit Kantenlänge s und eine Kugel mit Radius r gleichen Oberflächeninhalt,

so ______________________________

3 Die Lösung der Ungleichung $x^{n+1} < x^n$ soll für $n \in \mathbb{N}$ mithilfe von Graphen geeigneter Funktionen gefunden werden.

a) Wählen Sie ein passendes Intervall und zeichnen Sie Graphen für die Fälle $n = 3$ bzw. $n = 4$. Begründen Sie Ihre Auswahl des Intervalls.

b) Welche Lösung ergibt sich für $n \in \mathbb{N}$? Begründen Sie Ihre Aussage.

4 a) Geben Sie zu jedem der drei Funktionsterme den maximalen Definitionsbereich an. Kennzeichnen Sie rechts den dazu passenden Graphen.
$f(x) = x^{-2}$; $g(x) = 2 - x^3$; $h(x) = 2^{-x}$

b) Drei der Graphen im Koordinatensystem aus Teilaufgabe a) sind symmetrisch. Weisen Sie diese Eigenschaft für einen davon rechnerisch nach.

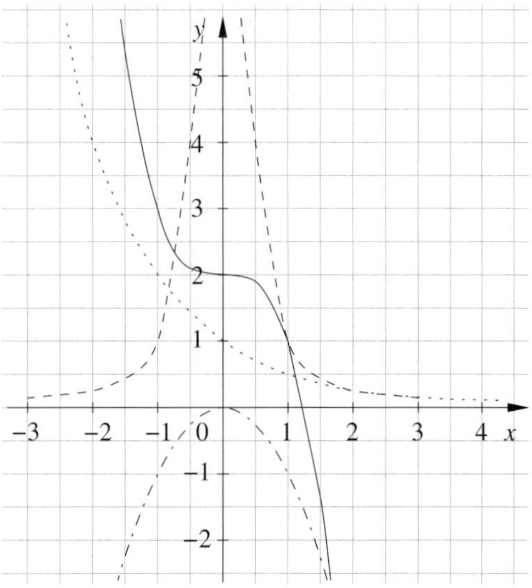

Beispiel A für eine dritte Schulaufgabe, Teil II

Thema: Graphen ganzrationaler Funktionen

1 Im Koordinatensystem sind die Graphen von drei ganzrationalen Funktionen dargestellt. Finden Sie ohne Berechnung eines Funktionswerts heraus, welcher der Graphen zur Funktion $f(x) = -x^4 + x^2 + x + 5, x \in \mathbb{R}$ gehört. Erläutern Sie Ihre Überlegungen.

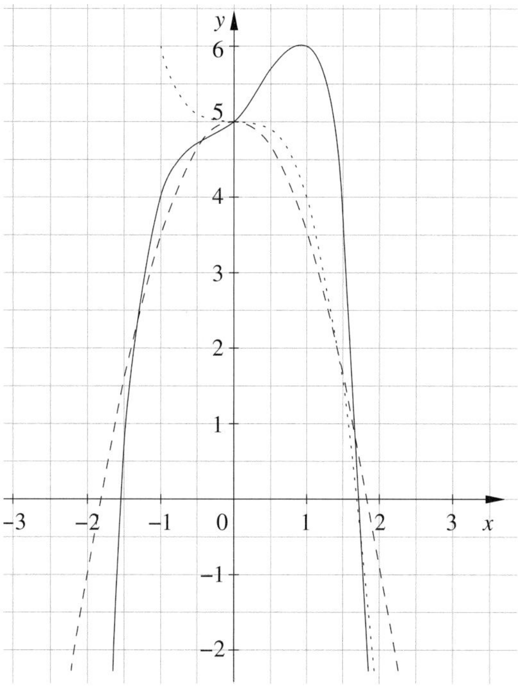

Thema: Grenzwerte

2 a) Erläutern Sie, was es für eine Funktion f bedeutet, dass $\lim_{x \to \infty} f(x) = 0{,}5$ ist.

b) Begründen Sie, dass die Funktion $f(x) = 0{,}5 - \frac{1}{x^2}, x \neq 0$, die Bedingung aus Teilaufgabe a) erfüllt, und ermitteln Sie durch Rechnung, für welche Zahlen $x > 0$ sich die Funktionswerte von f um weniger als $\frac{1}{100}$ vom Wert 0,5 unterscheiden.

Thema: Einfluss von Parametern, Beschreiben von Graphen

3 Wie entsteht der Graph von $h(x) = 0{,}5 - \frac{1}{(x-1)^2}$, $x \neq 1$, aus dem Graphen der Funktion $g(x) = x^{-2}$, $x \neq 0$?
Beschreiben Sie – auch unter Berücksichtigung der Ergebnisse aus Aufgabe 2 – den Verlauf des Graphen von h auf dem gesamten Definitionsbereich mit passenden Fachbegriffen.

Thema: Bekannte und andere Funktionstypen

4 a) Prüfen Sie durch Rechnung nach, dass die Funktion $f(x) = 0{,}25x^3 + 0{,}25x + 2{,}5$; $x \in \mathbb{R}$ nur die Nullstelle $x = -2$ besitzt. Skizzieren Sie den Verlauf eines möglichen Graphen von f, wenn Sie zusätzlich verwenden, dass sich das Steigungsverhalten des Graphen auf dem gesamten Definitionsbereich nicht ändert.

b) Geben Sie mithilfe der Zeichnung aus Teilaufgabe a) den maximalen Definitionsbereich der Funktion $g(x) = \sqrt{x^3 + x + 10}$ an und bestimmen Sie die Koordinaten der Achsenschnittpunkte des zugehörigen Graphen. Skizzieren Sie den Graphen von g im Koordinatensystem von Teilaufgabe a).

Beispiel B für eine dritte Schulaufgabe

Thema: Kugel

1 Auf einem Zylinder mit einem Durchmesser von 8,0 cm sitzt symmetrisch zu dessen Achse eine Halbkugel mit Radius 7,5 cm. Insgesamt ist der Körper 20 cm hoch.
Beschreiben Sie, wie man diesen „Pilz“ durch Rotation erzeugen kann, und ermitteln Sie den Inhalt der Oberfläche des Körpers als Vielfaches von π.

*Thema: Groß- und Kleinkreise auf der Kugel**

2 Die Halbkugel aus Aufgabe 1 wird in gleichen Abständen 14-mal parallel zur Grundfläche durchgeschnitten. Die Ränder aller Schnittflächen sowie der Umfang der Grundfläche werden anschließend farbig markiert.

a) Zeichnen Sie unten einen geeigneten Schnitt durch die Halbkugel und tragen Sie darin alle 15 Mittelpunkte der farbigen Linien ein. Wie dick sind die einzelnen Scheiben?

b) Welche maximale Entfernung e haben zwei Punkte auf der mittleren all dieser Linien, wenn man auf ihr entlangfährt?

c) Verbindet man zwei Punkte maximaler Entfernung wie in Teilaufgabe b) durch einen Kreisbogen, dessen Mittelpunkt mit dem der Halbkugel identisch ist, so entsteht ein Kreissektor.
Um wie viel Prozent ist dessen Bogenlänge kürzer als e?

Thema: Ganzrationale Funktionen

3 Die ganzrationale Funktion $f: x \mapsto x^3 + 6x^2 + 8x$ ist auf $D = \mathbb{R}$ definiert.

a) Ermitteln Sie die Koordinaten der Achsenschnittpunkte des zugehörigen Graphen und geben Sie das Verhalten der Funktionswerte für $x \to \pm\infty$ an.

b) Verschiebt man den Graphen von f um zwei Einheiten in Richtung der positiven x-Achse, so ist der entstehende Graph symmetrisch zum Ursprung. Weisen Sie dies durch Rechnung nach.

c) Skizzieren Sie den Verlauf des Graphen von f unter Verwendung aller bisherigen Ergebnisse, wenn einer der Punkte, in denen sich das Steigungsverhalten des Graphen ändert, als zweite Koordinate ungefähr 3 besitzt. (1 LE = 0,5 cm)

d) Geben Sie den maximalen Definitionsbereich der Funktion $g(x) = \frac{1}{f(x)}$ an und nennen Sie für das Intervall $]-\infty, -2]$ möglichst viele Überlegungen, die für eine Skizze des Graphen von g hilfreich sind. Eine Wertetabelle soll nicht erstellt werden.

Thema: Grenzwerte

4 Hans behauptet, dass $\lim\limits_{x \to \infty} \left[(x^2 - 3) \cdot \frac{2}{x^2 - 1}\right] = 0$ ist, weil $\lim\limits_{x \to \infty} \frac{2}{x^2 - 1} = 0$ ist.

Analysieren Sie seine Argumentation und bestimmen Sie gegebenenfalls das richtige Ergebnis.

 Arbeitszeit: 45 Minuten *Wertung:* 7 3|4|5 5|5|6|6 4

Beispiel C für eine dritte Schulaufgabe

Thema: Kugel

1 Ein zylinderförmiger Messbecher vom Innendurchmesser 16 cm ist bis zur Hälfte mit Wasser gefüllt. Taucht man vier gleich große Metallkugeln vom Radius r vollständig ein, so steigt der Wasserspiegel um die Höhe H an.

a) Würde ***eine*** Kugel mit Radius $2r$ mehr oder weniger Wasser als die vier zusammen verdrängen? Begründen Sie Ihre Antwort, ohne konkrete Zahlenwerte für den Radius zu verwenden.

b) Skizzieren Sie den Graphen einer Funktion, die den Zusammenhang zwischen Kugelradius r und Höhe H beschreibt.

c) Berechnen Sie den Radius einer Kugel, wenn $H = 1{,}5$ cm ist.

d) Taucht man die vier zunächst trockenen Kugeln ein, so werden sie und ein Teil der oberen Zylinderhälfte nass. Wie groß ist diese gesamte (Ober-)Fläche, die man beim Eintauchen nass macht? Ermitteln Sie einen Term in Abhängigkeit von r als Vielfaches von π.

Thema: Ganzrationale Funktionen

2 Der Graph einer ganzrationalen Funktion f verläuft symmetrisch bezüglich der y-Achse und er schneidet diese in $P(0\,|\,3)$. Zwei der Nullstellen von f sind $x = -1$ bzw. $x = 1{,}5$.

a) Welche der folgenden Informationen können auf f sicher nicht zutreffen?
Begründen Sie Ihre Antworten.
– Die Grenzwerte für $x \to \pm\infty$ sind verschieden.
– f konvergiert für $x \to \infty$ gegen Null.
– Der Graph von f ändert im Intervall $[-1;\, 1]$ das Steigungsverhalten.
– Der Graph von f besitzt eine ungerade Anzahl von Extrempunkten.
– f ist eine quadratische Funktion.

b) Ermitteln Sie eine mögliche Funktionsgleichung und skizzieren Sie den Graphen mit den bisherigen Informationen.

Thema: Einfluss von Parametern

3 Heißer Kaffee aus dem Kaffeeautomaten kühlt sich im Becher recht schnell ab. Verwendet man als Einheit für die Zeit t in Minuten und misst man die Temperatur f in °C, so kann die Abkühlung der Flüssigkeit mit dem Funktionsterm $f(t) = a \cdot b^t + c$ beschrieben werden.

a) An einem kühlen Herbsttag lässt sich in der Pausenhalle der Funktionsterm $f_1(t) = 60 \cdot 0{,}8^t + 18$ zur Beschreibung dieses Vorgangs verwenden.
Geben Sie $\lim\limits_{t\to\infty} f_1(x)$ an und skizzieren Sie den Graphen der Funktion f_1 für $t \in \mathbb{R}$.

b) Erläutern Sie, was die Parameter a bzw. c im vorliegenden Sachzusammenhang bedeuten und tragen Sie deren Werte (siehe Teilaufgabe a) in die Zeichnung ein.

c) Im Winter wird die Pausenhalle geheizt und die Wassertemperatur des Kaffeeautomaten erhöht. Hanna nimmt allerdings ihren Kaffee sofort in den schneebedeckten Pausenhof mit. Erläutern Sie, wie man die Parameter verändern muss, um den Abkühlvorgang erfassen zu können.

Arbeitszeit: 45 Minuten *Wertung:* 3|5|3|4 4|10 4|4|5

Das hätten Sie wissen müssen

*Thema: Näherungsweise Berechnung von π**

Etwa seit dem 17. Jahrhundert verwenden Mathematiker das Symbol π, um das Verhältnis von Kreisumfang und Kreisdurchmesser anzugeben. Im Laufe der Geschichte benutzte man verschiedene Näherungswerte wie z. B. $\pi \approx 3$ oder $\pi \approx \frac{22}{7}$ für diese irrationale Zahl.

- Archimedes gab bereits im dritten Jahrhundert vor Christus ein leistungsfähiges Verfahren an, mit dem sich theoretisch beliebig viele Dezimalen berechnen lassen: Er beschrieb dem Kreis regelmäßige Vielecke ein bzw. um und verdoppelte deren Eckenzahl sukzessive.

- Auch Ludolf van Ceulen, der nachwies, dass π nicht Lösung einer algebraischen Gleichung ist (die Quadratur des Kreises ist also unmöglich!), benutzte Vielecke mit 6, 12, 24, … Ecken. Winkelfunktionen sind dabei nützliche Hilfsmittel zur Berechnung notwendiger Streckenlängen.

  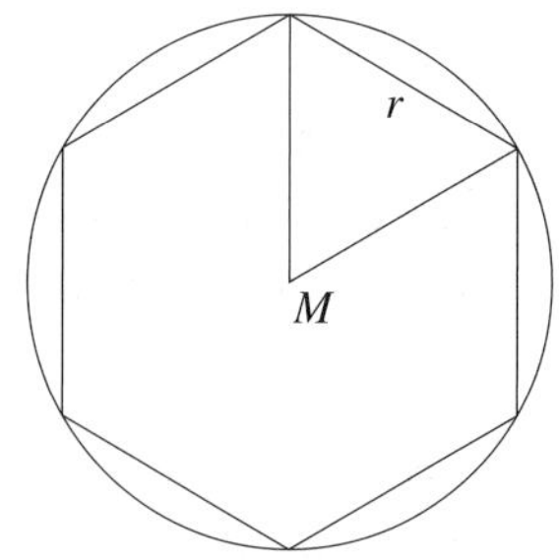

  Beispiel: Trägt man den Radius r eines Kreises sechsmal auf dem Umfang ab und verbindet die so entstandenen Punkte, so ist dem Kreis ein regelmäßiges Sechseck mit dem Umfang $6 \cdot s_6 = 6r$ einbeschrieben. Der aus diesem Umfang ermittelte Näherungswert für π ist mit $\pi \approx \frac{6r}{2r} = 3$ noch sehr ungenau.

  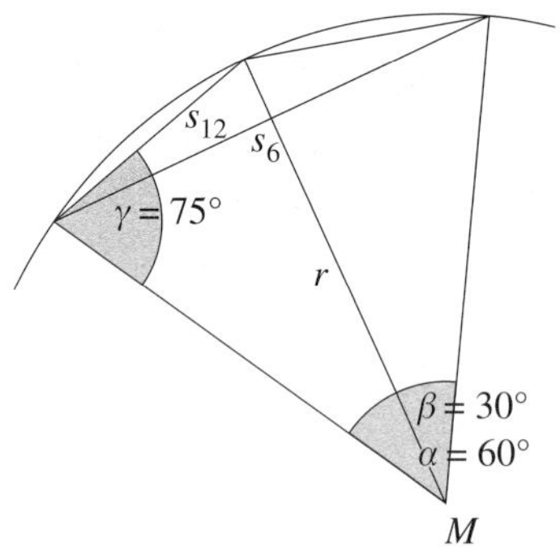

  Verdoppelt man die Eckenzahl, so muss die Seitenlänge des entstehenden Zwölfecks ermittelt werden. Das Bestimmungsdreieck dieses Zwölfecks, das zwei nebeneinander liegende Ecken zusammen mit dem Kreismittelpunkt bilden, ist gleichschenklig mit einem Winkel der Größe $360° : 12 = 30°$ an der Spitze. Im rechtwinkligen Teildreieck, das die Seite s_{12} als Hypotenuse und die halbe Seite s_6 als die dem Basiswinkel 75° gegenüber liegende Kathete enthält, ergibt sich $\sin 75° = \frac{0{,}5 s_6}{s_{12}}$ und somit $s_{12} = \frac{\sqrt{6}-\sqrt{2}}{2} \cdot s_6$. Der Umfang dieses einbeschriebenen Zwölfecks beträgt $12 \cdot s_{12}$, als Näherungswert für π erhält man jetzt $\pi \approx 3{,}1$.

  Das Verfahren kann mit einem einbeschriebenen 24-Eck fortgesetzt werden, man kann aber auch eine Abschätzung mithilfe des Flächeninhalts vornehmen. In diesem Falle ergibt sich mit dem regelmäßigen Sechseck $A_{Kreis} \approx 6 \cdot \frac{1}{4} r^2 \sqrt{3}$ und damit aus $A_{Kreis} = r^2\pi$ für $\pi \approx 2{,}6$, was ein schlechterer Wert als bei Verwendung des Umfangs ist. Auch hier kann die Genauigkeit aber durch sukzessive Verdopplung der Eckenzahl erhöht werden (für das regelmäßige Zwölfeck ergibt sich z. B. $\pi \approx 3$).

- Andere Verfahren zur Bestimmung von π nutzen Simulationen, wie es z. B. der Franzose Buffon tat, der Nadeln auf ein von parallelen Geraden überzogenes Blatt Papier fallen ließ (vgl. BMT-Heft 10, S. 26). Das wohl bekannteste Verfahren dieser Art ist die Monte-Carlo-Simulation, die auch als „Zufallsregen" bezeichnet werden kann.

Thema: Oberflächeninhalt und Volumen der Kugel

- Eine Kugel mit Radius r hat das Volumen $V = \frac{4}{3} r^3 \pi$ bzw. den Oberflächeninhalt $O = 4\pi r^2$. Bei gleichem Oberflächeninhalt ist sie der Körper mit dem kleinsten Volumen, was insbesondere in der Natur Bedeutung besitzt. So „igeln" Tiere sich ein, um eine möglichst geringe Angriffsfläche bei gleichem Volumen zu bilden. Betrachtet man den Quotienten aus Volumen und Oberflächeninhalt bei Kugeln mit verschiedenen Radien, also $\frac{V}{O} = \frac{1}{3} r$, so stellt man fest, dass gerade kleine Tiere im Vergleich zum Volumen eine „zu große" Oberfläche haben, sodass der dadurch vermehrte Wärmeaustausch mit der Umgebung zu erhöhtem Energiebedarf führt. Kleine Tiere sind daher „große Fresser".

  Beispiel: Eine Kugel und ein Zylinder besitzen gleichen Radius und gleichen Oberflächeninhalt. Vergleichen Sie die Volumina der beiden Körper.
  Lösung: Verwendet man für den Radius von Kugel und Zylinder r sowie für die Zylinderhöhe h, so lässt sich die Gleichung $O_{Kugel} = O_{Zylinder}$ nach h auflösen. Aus $4\pi r^2 = 2r^2\pi + 2r\pi h$ ergibt sich die Höhe nach Äquivalenzumformungen zu $h = r$. Das Volumen des Zylinders ist deshalb $V_Z = \pi r^3$, das der Kugel jedoch $V_K = \frac{4}{3}\pi r^3$. Das Volumen der Kugel ist also $\frac{4}{3}$-mal so groß, d. h. um $33{,}\overline{3}$ % größer.

- Weil die Erde, auf deren Oberfläche wir uns bewegen, annähernd kugelförmig ist, ist es sinnvoll, kürzeste Wege auf der Kugel angeben zu können. Da die Erdoberfläche zur Orientierung mit einem Gradnetz bestehend aus Längen- und Breitenkreisen versehen wurde, können hier Entfernungen unter Verwendung trigonometrischer Zusammenhänge bestimmt werden.

  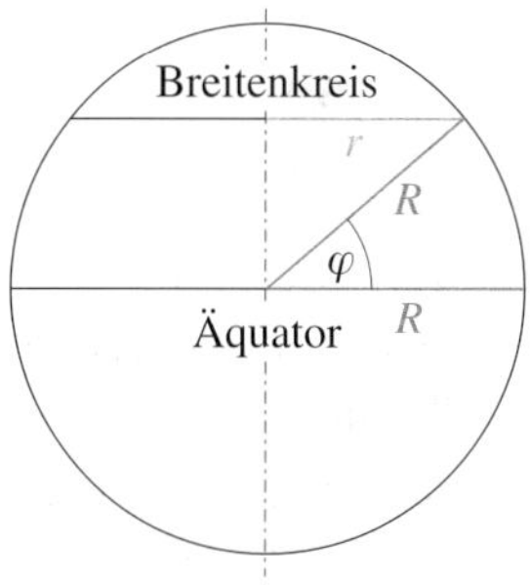

  Beispiel:* Haben z. B. zwei Orte die gleiche geographische Breite 48° wie z. B. München und Ulan Bator, die Hauptstadt der Mongolei, so liegen sie auf demselben Breitenkreis, dessen Radius r sich aus $\cos 48° = \frac{r}{R_{Erde}}$ als Vielfaches des Erdradius berechnen lässt. Der Unterschied der geographischen Längen (für München und Ulan Bator etwa 95,5°) gibt zusätzlich den Mittelpunktswinkel des zum Breitenkreis gehörenden Kreissektors an. In diesem Beispiel ergibt sich die Entfernung e der beiden Städte aus $e = \frac{95{,}5°}{360°} \cdot 2\pi \cdot (R_{Erde} \cdot \cos 48°)$ zu etwa $7{,}1 \cdot 10^3$ km.

  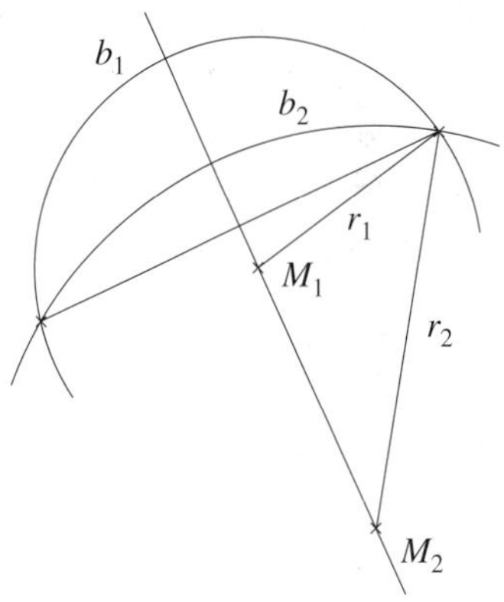

  Dass dies nicht die kürzeste Entfernung auf der Erdoberfläche ist, kann man sich gut klar machen, wenn man überlegt, dass ein Kreisbogen derselben Länge (also mit gleich langer Sehne), aber mit größerem Radius eine geringere Krümmung aufweisen muss. Verbindet man München und Ulan Bator also mit einem Kreisbogen, dessen Mittelpunkt der Erdmittelpunkt ist (solche Kreise heißen auch Großkreise), so ist der kürzere der beiden die Städte verbindenden Bögen kürzer als die Entfernung, die man auf dem Breitenkreis zurücklegen muss.

Thema: Potenzfunktionen mit natürlichen Exponenten

Funktionen $f_n : x \mapsto x^n$ mit maximalem Definitionsbereich $D = \mathbb{R}$ und $n \in \mathbb{N}$ heißen **Potenzfunktionen mit natürlichen Exponenten**. Die zugehörigen Graphen verlaufen für jeden beliebigen Exponenten durch die Punkte $(0\,|\,0)$ bzw. $(1\,|\,1)$. Für gerade Exponenten n haben sie zusätzlich noch den Punkt $Q(-1\,|\,1)$, für ungerade Exponenten n den Punkt $R(-1\,|\,-1)$ gemeinsam. Bereits bekannt sind die lineare Funktion $f_1(x) = x$ (mit der Winkelhalbierenden des ersten und dritten Quadranten als Graph) und die quadratische Funktion $f_2(x) = x^2$ (mit der Normalparabel als Graph). Sie und alle anderen Potenzfunktionen kann man in zwei Gruppen einteilen (siehe nächste Seite):

n gerade

Wertebereich $W = \mathbb{R}_0^+$
Nullstelle ist $x = 0$
Graphen sind (achsen)symmetrisch bzgl. der y-Achse,
streng monoton fallend für $x < 0$ bzw.
streng monoton steigend für $x > 0$

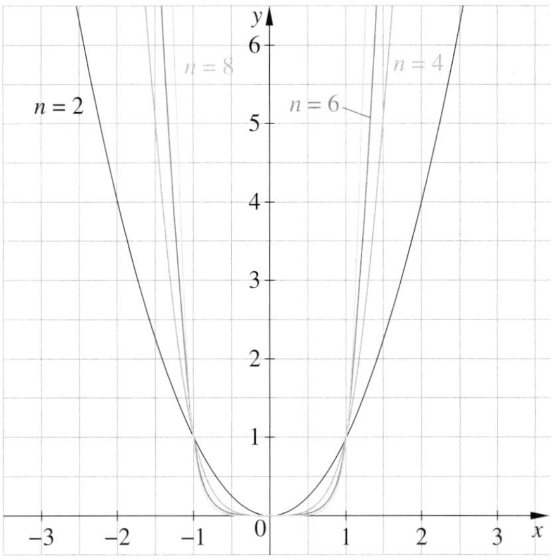

n ungerade

Wertebereich $W = \mathbb{R}$
Nullstelle ist $x = 0$
Graphen sind (punkt)symmetrisch bzgl. des Ursprungs und
streng monoton steigend für $x \in \mathbb{R}$

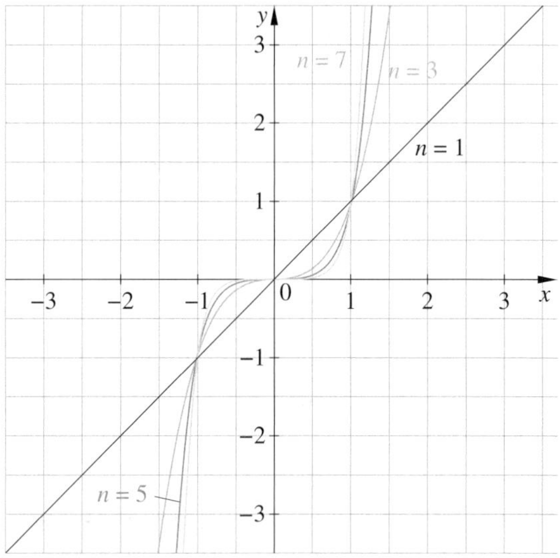

Thema: Ganzrationale Funktionen

Funktionen mit einem Term der Form $f(x) = a_n x^n + a_{n-1} x^{n-1} + \ldots + a_1 x + a_0$, $D = \mathbb{R}$ heißen **ganzrationale Funktionen** mit reellen Koeffizienten $a_0, a_1, \ldots a_n$. Ist $a_n \neq 0$, so wird n als Grad der Funktion bezeichnet. Insbesondere sind alle Potenzfunktionen auch ganzrationale Funktionen.
Graphen ganzrationaler Funktionen kann man meist mithilfe besonderer Punkte und weniger zusätzlicher Eigenschaften skizzieren:

- Schnittpunkte mit der x-Achse findet man mithilfe der Nullstellen. Den Schnittpunkt mit der y-Achse erhält man als Funktionswert an der Stelle 0. Die Nullstellen der Gleichung $f(x) = 0$ lassen sich gut ablesen, wenn $f(x)$ in faktorisierter Form angegeben werden kann. Der Exponent der einzelnen Linearfaktoren bestimmt die Art der Nullstelle und lässt eine Aussage über das Vorzeichen der Funktionswerte links und rechts von ihr zu. Ist x_0 eine einfache Nullstelle bzw. eine Nullstelle ungerader Ordnung, so weist $f(x)$ einen Vorzeichenwechsel auf, andernfalls haben die Funktionswerte links und rechts von dieser Stelle dasselbe Vorzeichen. Mit einer Vorzeichentabelle der Funktionswerte kann man auch die Felder ermitteln, in denen der Graph nicht verläuft.

  Beispiel: Skizzieren Sie den Graphen G_f der Funktion $f(x) = 0{,}2x^2 \cdot (0{,}5x^2 + x - 4)$; $D = \mathbb{R}$ nach geeigneten Überlegungen.
  Lösung: Wegen $f(0) = 0$ ist der Ursprung Schnittpunkt von G_f mit beiden Koordinatenachsen. $f(x) = 0$ hat neben dieser Lösung auch noch Lösungen, wenn $0{,}5x^2 + x - 4 = 0$ ist. Mit der Lösungsformel für quadratische Gleichungen findet man $x = 2$ bzw. $x = -4$ als weitere einfache Nullstellen, $x = 0$ ist eine doppelte Nullstelle ohne Vorzeichenwechsel für den Funktionswert. Damit kann man $f(x)$ in faktorisierter Form schreiben, wenn man den Faktor 0,5 beim quadratischen Term entsprechend berücksichtigt: $f(x) = 0{,}2x^2 \cdot 0{,}5 \cdot (x + 4) \cdot (x - 2)$

Eine verkürzte Vorzeichentabelle ergibt:

	$x<-4$	$-4<x<0$	$0<x<2$	$2<x$
$f(x)=0{,}1\,x^2\cdot(x+4)\cdot(x-2)$	+	−	−	+

Damit können Felder abgestrichen und G_f grob skizziert werden:

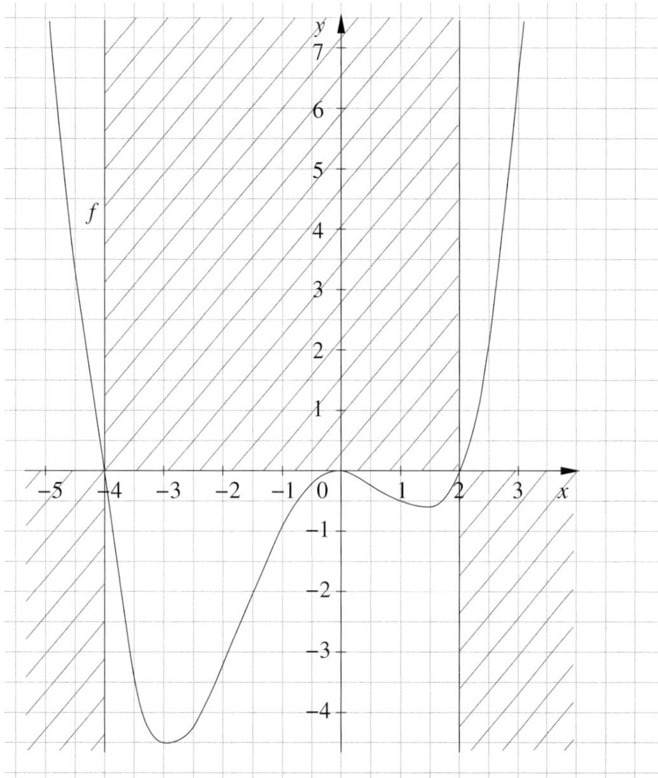

- Kennt man das Verhalten der Funktionswerte für betragsmäßig sehr große x-Werte, so gibt dies zusätzlich Informationen über den Graphen, auch wenn keine Nullstellen vorhanden sind. Man spricht in diesem Fall vom Verhalten der Funktionswerte im Unendlichen. Ausklammern der höchsten Potenz einer ganzrationalen Funktion zeigt, dass nur diese Potenz für dieses Verhalten ausschlaggebend ist.

Beispiel: Skizzieren Sie den Graphen von $f(x)=x^2\,(x+1)^2+2$, $D=\mathbb{R}$.

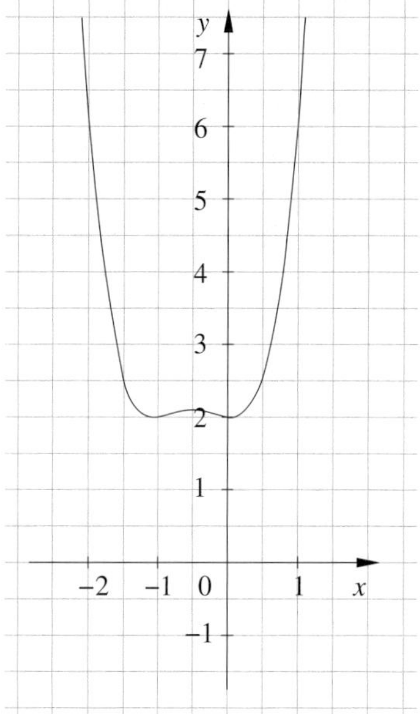

Lösung: Da $f(x)$ stets positiv ist, gibt es keine Schnittpunkte des Graphen mit der x-Achse. Betrachtet man den Funktionsterm in der ausmultiplizierten Form $f(x)=x^4+2x^3+x^2+2$, so ist x^4 die höchste Potenz. Nach Ausklammern kann das Verhalten der Funktionswerte für $x\to\pm\infty$ leicht überlegt werden, da alle Summanden der Form $\frac{1}{x^n}$ mit natürlichen Exponenten n gegen Null streben. Am Beispiel von $f(x)=x^4\left(1+\frac{2}{x}+\frac{1}{x^2}+\frac{2}{x^4}\right)$ erkennt man, dass nur die höchste Potenz den Ausschlag gibt: $\lim\limits_{x\to\pm\infty} f(x)=\infty$, der Graph von f kommt also im zweiten Quadranten von oben und verlässt den ersten Quadranten nach oben.
Vergleicht man zusätzlich den Funktionsterm von f mit dem Term einer Funktion $g(x)=x^2\,(x+1)^2$, so erkennt man, dass der Graph von f durch Verschiebung um 2 in Richtung der y-Achse nach oben aus dem Graphen von g entsteht. Da $g(x)$ stets positiv ist und an den zwei doppelten Nullstellen dieses Vorzeichen auch nicht ändert, kann der Graph von f skizziert werden:

- Der **Grenzwert einer Funktion f für $x \to \pm\infty$ ist unendlich**, wenn jede noch so große, beliebig vorgegebene natürliche Zahl S von allen Funktionswerten übertroffen wird, falls x nur genügend groß ist.
  Man schreibt $\lim\limits_{x \to \infty} f(x) = \infty$.

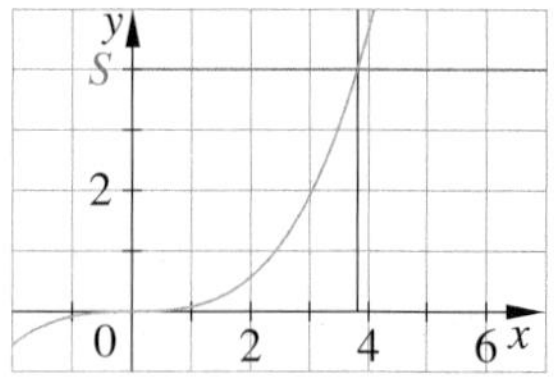

  Entsprechend können $\lim\limits_{x \to \infty} f(x) = -\infty$ bzw. $\lim\limits_{x \to -\infty} f(x) = \infty$ erklärt werden.

  Beispiel: Bestimmen Sie für $f(x) = 2^x - x^2$, $x \in \mathbb{R}$ das Verhalten von f für $x \to \pm\infty$.

  Lösung: Da eine Exponentialfunktion mit Basis größer als 1 stärker wächst als jede Potenz von x, ist $\lim\limits_{x \to \infty} f(x) = \infty$. Z. B. ist für jede Zahl $x > 20$ sicher $f(x) > 10^6$, für alle $x > 30$ ist $f(x) > 10^9$ usw. Für $x \to -\infty$ werden die Werte der Exponentialfunktion $g(x) = 2^x$ verschwindend klein, sodass das Verhalten von f durch den ganzrationalen Anteil im Funktionsterm bestimmt wird: $\lim\limits_{x \to -\infty} f(x) = -\infty$

- Eine Funktion f **konvergiert für $x \to \infty$ gegen eine reelle Zahl a**, wenn die Funktionswerte beliebig nahe bei a liegen, falls man x hinreichend groß wählt. Man schreibt: $\lim\limits_{x \to \infty} f(x) = a$.

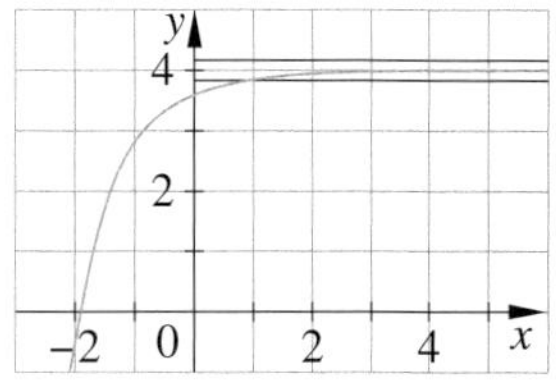

  Beispiel: Bestimmen Sie für $f(x) = \frac{2 \sin x}{x}$, $D = \mathbb{R} \setminus \{0\}$ das Verhalten für $x \to \infty$.

  Lösung: Obwohl $h(x) = \sin x$ periodisch Funktionswerte zwischen -1 und 1 annimmt, wird der Zähler niemals größer als 2. Die Funktionswerte von f sind also höchstens so groß wie die Funktionswerte von $g(x) = \frac{2}{x}$, $x > 0$. Da $\lim\limits_{x \to \infty} g(x) = 0$ ist, oszilliert der Graph von f in einem immer schmaler werdenden Streifen um die x-Achse. Das bedeutet, dass $\lim\limits_{x \to \infty} f(x) = 0$ ist.

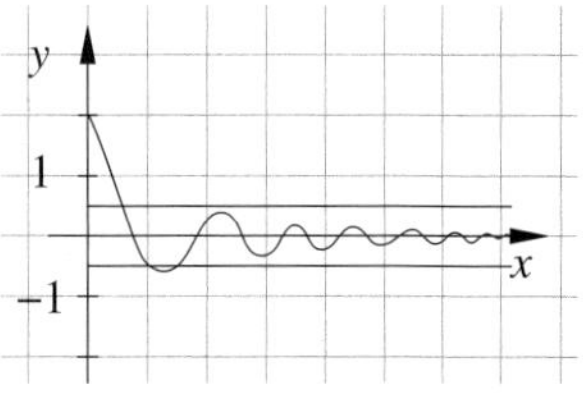

- Funktionen wie z. B. $f(x) = \sin x$, $x \in \mathbb{R}$ oder $g(x) = \cos x$, $x \in \mathbb{R}$ besitzen keinen Grenzwert für $x \to \pm\infty$, sie verhalten sich unbestimmt.

  Beispiel: Wie verhält sich die Funktion mit dem Term $f(x) = 2^x \cdot \cos x$, $x \in \mathbb{R}$ für $x \to \infty$?

  Lösung: Die monoton zunehmenden Funktionswerte der Exponentialfunktion werden periodisch mit Werten zwischen -1 und 1 multipliziert. Die Funktion verhält sich also unbestimmt.

- Neben den bereits bekannten Gesetzmäßigkeiten für ganzrationale Funktionen kann man insbesondere bei gebrochenrationalen Funktionen Grenzwerte durch Termumformung ermitteln. Hier ist es sinnvoll, die höchste im Nenner vorkommende Potenz in Zähler und Nenner auszuklammern und anschließend zu kürzen. Am verbleibenden Term kann dann argumentiert werden, wenn man noch berücksichtigt, dass für natürliche Exponenten n gilt: $\lim\limits_{x \to \infty} \frac{1}{x^n} = 0$.

  Beispiel: $\lim\limits_{x \to \infty} \frac{2 - x^2}{3x^2 - x + 1} = \lim\limits_{x \to \infty} \frac{x^2\left(\frac{2}{x^2} - 1\right)}{x^2\left(3 - \frac{1}{x} + \frac{1}{x^2}\right)} = \lim\limits_{x \to \infty} \frac{\frac{2}{x^2} - 1}{3 - \frac{1}{x} + \frac{1}{x^2}} = -\frac{1}{3}$, weil alle Summanden in Zähler und Nenner außer -1 bzw. 3 gegen 0 gehen.

Thema: Untersuchen und Beschreiben von Graphen

Jeder Term mit einer Variablen kann als Funktionsterm einer Funktion interpretiert werden. Der maximale Definitionsbereich des Terms ist dabei auch derjenige der Funktion. Insbesondere dürfen also Nenner nicht 0 werden, Radikanden müssen stets positiv sein. Wie bei den Graphen ganzrationaler Funktionen geben die Schnittpunkte mit den Koordinatenachsen sowie das Verhalten an den Rändern der Definitionsmenge erste Anhaltspunkte für das Skizzieren. Auch hier ist eine Vorzeichentabelle von großem Nutzen. Steigungsverhalten und Extrempunkte können bei speziellen Funktionen wie z. B. Wachstums- oder trigonometrischen Funktionen ebenfalls herangezogen werden.

Beispiel: Die Zeichnung rechts zeigt den Graphen einer Funktion $f(x)$, $x \in \mathbb{R}$. Machen Sie möglichst viele Aussagen über den Graphen der Funktion $g(x) = \frac{1}{f(x)}$ auf deren maximalem Definitionsbereich.

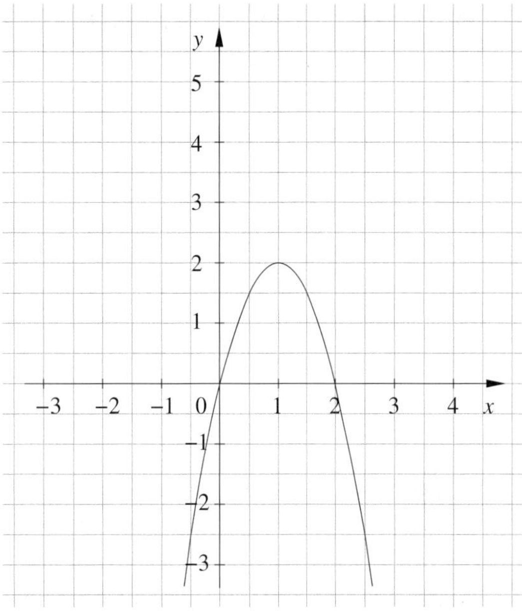

Lösung: f hat zwei Nullstellen ($x = 0$ bzw. $x = 2$), für die g nicht definiert ist. Also ist $D_g = \mathbb{R} \setminus \{0; 2\}$. Da an diesen beiden Stellen $g(x)$ gegen $-\infty$ bzw. $+\infty$ strebt, besitzt hier der Graph von g je eine senkrechte Asymptote.
Die Funktionswerte von g haben die gleichen Vorzeichen wie die entsprechenden Funktionswerte von f. Der Graph von g verläuft also in denselben Bereichen über oder unter der x-Achse wie der Graph von f.
Zudem wird der Wert eines Bruches größer, wenn der Nenner kleiner wird und umgekehrt. Da der Graph von f ein Maximum im Punkt $P(1\,|\,2)$ hat, fällt der Graph von g monoton für $x < 0$ sowie für $0 < x < 1$ und er steigt in den Bereichen $1 < x < 2$ bzw. für $x > 2$. Im Punkt $Q(1\,|\,\frac{1}{2})$ muss der Graph von g also einen Tiefpunkt besitzen.
Die Symmetrie des Graphen von f zur Achse $x = 1$ überträgt sich auf den Graphen von g.
Da offensichtlich $\lim\limits_{x \to \pm\infty} f(x) = -\infty$ ist, gilt $\lim\limits_{x \to \pm\infty} g(x) = 0$.
Der Graph von g nähert sich der x-Achse als waagerechter Asymptote von unten an.
Mit einem Funktionsplotter können diese Überlegungen leicht bestätigt werden.

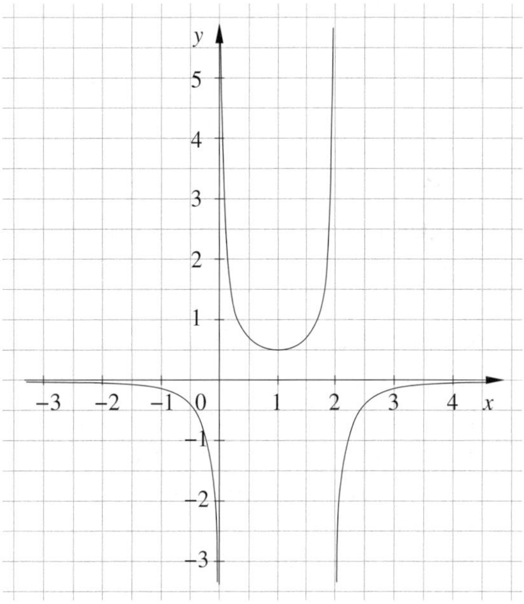

Besonders hilfreich sind Erkenntnisse zu Symmetrien bezüglich des Koordinatensystems, die sich aus dem Funktionsterm gewinnen lassen. Ist f für alle reellen Zahlen definiert, so muss $f(-x)$ mit $f(x)$ verglichen werden. Sind beide Terme identisch, d. h. $f(-x) = f(x)$ für alle $x \in \mathbb{R}$, so ist der Graph von f symmetrisch zur y-Achse. Ist $f(-x) = -f(x)$, so verläuft der Graph symmetrisch bezüglich des Ursprungs.

Beispiel: Für $f(x) = \cos x \cdot \frac{2x}{x^2+1}$, $x \in \mathbb{R}$ ist. Da $f(-x) = -f(x)$ ist, verläuft der Graph symmetrisch bezüglich des Ursprungs. Alle Werte der Kosinusfunktion werden für $x > 1$ mit Zahlen kleiner als 1 multipliziert. Da $\lim\limits_{x \to \infty} \frac{2x}{x^2+1} = 0$ ist, werden die Funktionswerte von f dem Betrage nach beliebig klein. Der Graph oszilliert, nähert sich aber für $x \to \pm\infty$ der x-Achse an.

Wie bei linearen, quadratischen oder trigonometrischen Funktionen lassen sich wesentliche Eigenschaften des Graphen aus dem Funktionsterm ablesen, wenn man den Verlauf des Graphen zugehöriger Grundfunktionen bereits kennt. Additive Konstanten bewirken dabei Verschiebungen, konstante Faktoren verursachen Streckungen oder Stauchungen in Richtung der Koordinatenachsen. Wirken mehrere Parameter zusammen, so ist entscheidend, die richtige Reihenfolge zu berücksichtigen.

Veränderungen im Funktionsterm	**Auswirkungen auf den Funktionsgraphen**	**Beispiele**
$g(x) = f(x) + b$	Verschiebung um den Wert b in Richtung der y-Achse	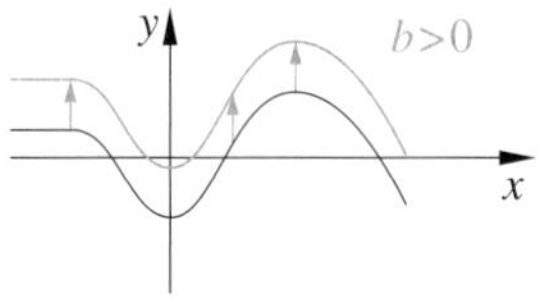 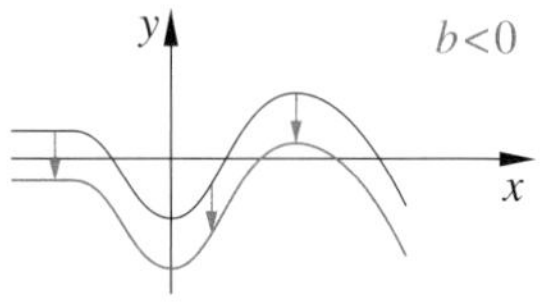
$g(x) = a \cdot f(x)$ $(a \neq 0)$	Streckung mit dem Faktor a in Richtung der y-Achse Für $\|a\| < 1$ bedeutet das eine Stauchung, für $a < 0$ zusätzlich eine Spiegelung an der x-Achse.	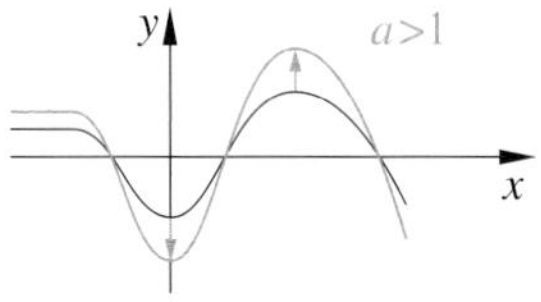 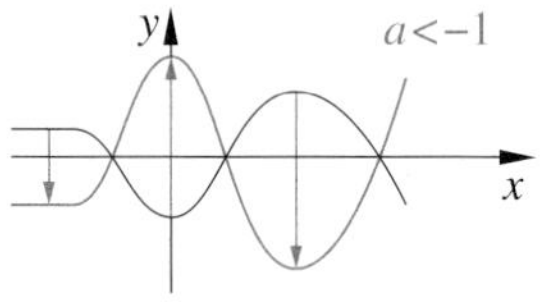 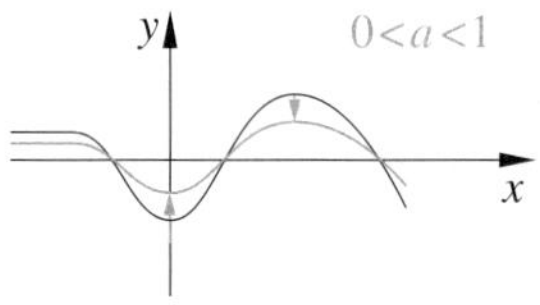 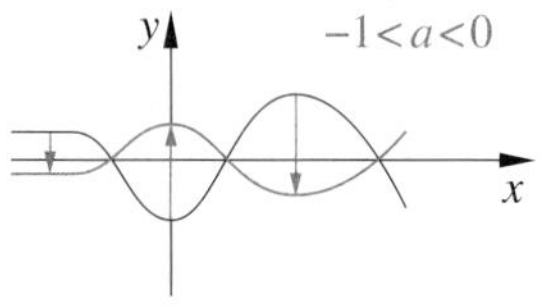
Spezialfall: $g(x) = -f(x)$	Spiegelung an der x-Achse	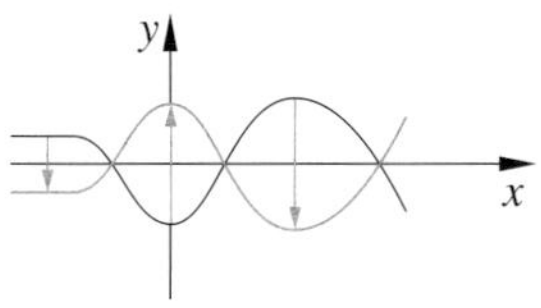
$g(x) = f(x + d)$	Verschiebung um den Wert $-d$ in Richtung der x-Achse	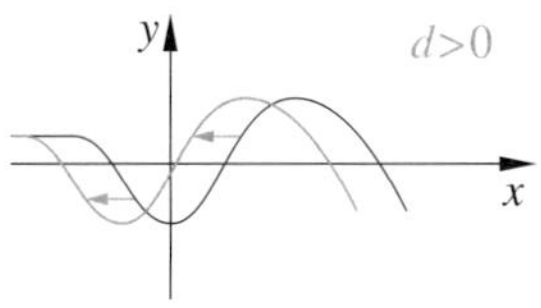 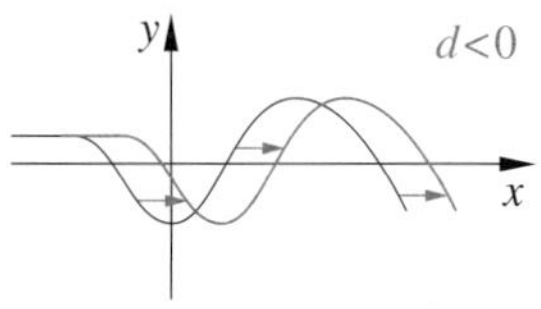
$g(x) = f(c \cdot x)$ $(c \neq 0)$	Streckung mit dem Faktor $\frac{1}{c}$ in Richtung der x-Achse (Stauchung für $\|c\| > 1$) Für $c < 0$ bedeutet das zusätzlich eine Spiegelung an der y-Achse.	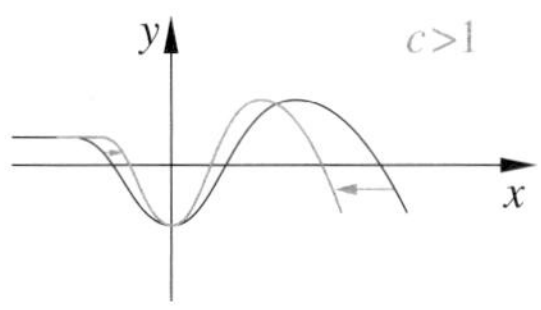 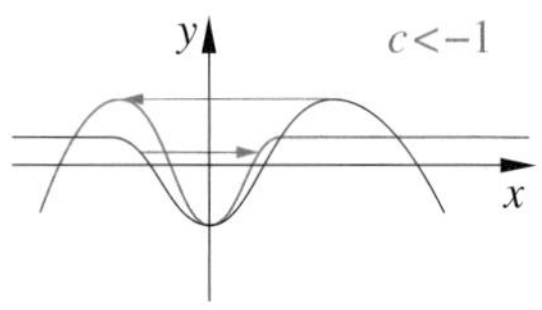 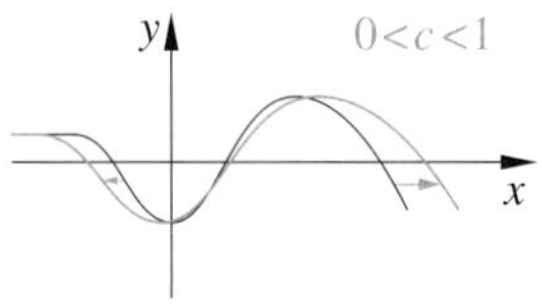 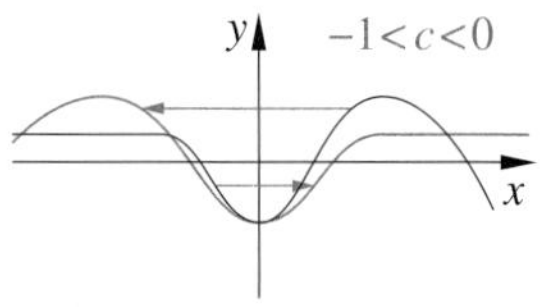
Spezialfall: $g(x) = f(-x)$	Spiegelung an der y-Achse	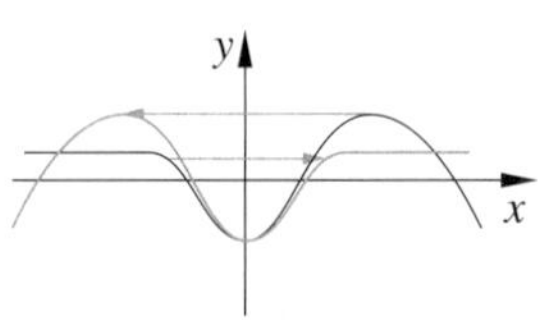

Beispiel für einen Test über den Jahresstoff der 10. Klasse

T

Thema: Kugel

1 Der Radius eines kugelförmigen Ballons nimmt um 20 % ab.
Um wie viel Prozent verringert sich der Oberflächeninhalt? **1P**

☐ 4% ☐ 20% ☐ 36% ☐ 64%

2 An der italienischen Autobahn von Alessandria in Richtung Piacenza steht dieses Hinweisschild, das auf die Überquerung des 45-ten Breitengrads hinweist. Denkt man sich diesen Ort auf der Autobahn geradlinig mit dem Erdmittelpunkt verbunden, so beträgt der Winkel zwischen dem Äquatorradius und dieser Verbindungsstrecke 45°, die Ebene des zugehörigen Breitenkreises verläuft parallel zur Äquatorebene.

Zeigen Sie an einer beschrifteten Skizze, dass der Radius dieses Breitenkreises genauso groß ist wie der Abstand seines Mittelpunkts vom Erdmittelpunkt, und geben Sie den Radius des 45-ten Breitengrads exakt als Vielfaches des Erdradius an.

____

____

______________________ **2P**

Thema: Funktionen und ihre Graphen

3 a) Geben Sie zwei Funktionen an, deren Graph die x-Achse als Asymptote hat.
Die Funktionen sollen zu unterschiedlichen Funktionstypen gehören.

____

______________________ **1P**

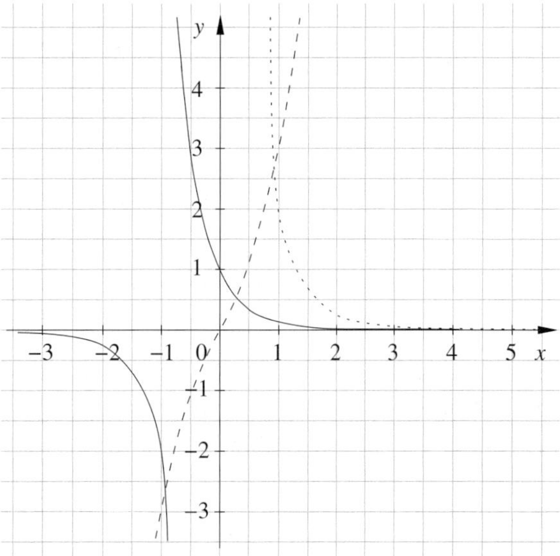

b) Wählen Sie passende Funktionsterme aus und beschriften Sie die Graphen. **2P**

$f(x) = 2x^{-3}$

$g(x) = x^2 + 2x$

$h(x) = x^3 + 2x$

$i(x) = (2^{-3})^x$

$j(x) = 3^{-x}$

Thema: Trigonometrische Funktionen

4 a) Bestimmen Sie zeichnerisch am Einheitskreis alle Winkel $\alpha \in [0; 360°]$ mit $\cos \alpha = -0{,}6$.

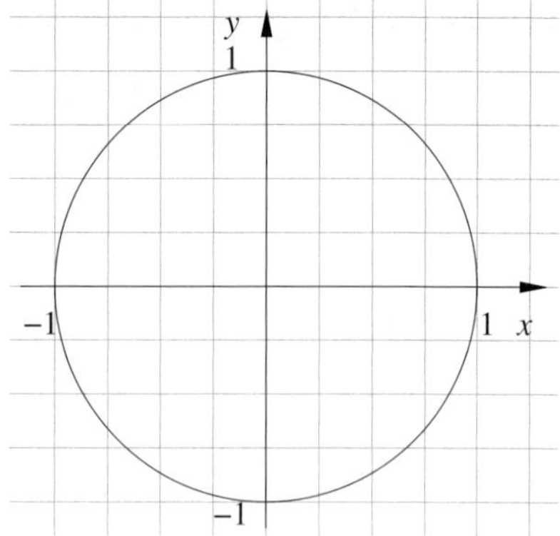

2P

b) Ermitteln Sie mithilfe der Kosinuskurve das zu den Winkeln aus a) gehörende Bogenmaß. **2P**

c) Hans behauptet, dass man den Graphen von $f(x) = 2 \sin (0{,}5\,x - \pi)$ erhält, wenn man die Sinuskurve sowohl in Richtung der y-Achse als auch in Richtung der x-Achse mit dem gleichen Faktor streckt und sie anschließend um π nach rechts verschiebt.
Nennen Sie ein geeignetes Argument, das seine Behauptung widerlegt.

1P

Thema: Zusammengesetzte Zufallsexperimente

5 Eine Umfrage hat ergeben, dass nur etwa 60 % der über 18-jährigen Frauen mit Führerschein sowie 95 % aller Männer mit Fahrerlaubnis auch regelmäßig am Steuer sitzen. Bei einer Verkehrszählung wird neben dem Fahrziel auch das Geschlecht des Fahrzeuglenkers notiert.
Wie wahrscheinlich ist es, dass ein angehaltenes Fahrzeug von einer Frau gelenkt wird, wenn man annimmt, dass es in Deutschland etwa gleich viele männliche und weibliche Führerscheinbesitzer gibt? Machen Sie Ihre Überlegungen deutlich.

2P

T

Thema: Rechnen mit Logarithmen

6 Berechnen Sie den Wert des Terms $\log_6 216 - 3\log_{0,1} 1 + \log_{0,2} \sqrt[11]{25}$

2P

Thema: Lösen von Gleichungen

7 a) Ermitteln Sie im Koordinatensystem zwei Lösungen der Gleichung $2^x - 2 = x^2 - 1$.

2P

b) Die Gleichung in a) besitzt eine dritte Lösung. Begründen Sie diese Tatsache.

1P

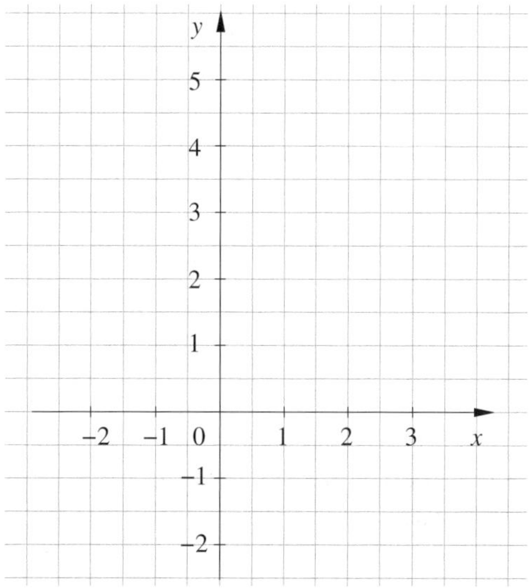

Thema: Exponentialfunktionen

8 Zur Exponentialfunktion $f(x) = 80 \cdot b^x$; $b < 1$, wurde eine fehlerhafte Wertetabelle angegeben.

a) Korrigieren Sie die beiden nicht korrekten y-Werte. **1P**

x	0	2	4	6	8
$f(x)$	70	40	20	8	5

b) Nennen Sie einen Vorgang, der mithilfe der Funktion f rechnerisch erfasst werden kann.

1P

Thema: Grenzwerte

9 Welcher Grenzwert ist falsch? **1P**

☐ $\lim\limits_{x \to -\infty} \frac{2-x}{x+5} = -1$

☐ $\lim\limits_{x \to +\infty} \frac{\sin x}{3^x} = 0$

☐ $\lim\limits_{x \to +\infty} (x+1)\cos x = +\infty$

☐ $\lim\limits_{x \to -\infty} x^2(1-x) = +\infty$

Arbeitszeit: 40 Minuten

Note	1	2	3	4	5	6
Punkte	21–16	15–13	12–10	9–7	6–4	3–0